典型城市河湖连通及活水调度
理论与实践

高 成 丁华凯 鲁春辉 著

河海大学出版社
·南京·

内容提要

此专著基于国家重点研发计划项目"河湖水系连通与水安全保障关键技术研究(2018YFC0407200)"所属课题一的相关成果。

该专著在充分考虑我国水系发育现状的基础上,针对山丘型、山丘平原混合型以及平原型城市的水系特点,分别选山东沂源、浙江安吉、浙江海曙以及江苏盐城等为典型城市,综合运用环境学、地理信息科学、水动力学以及统计分析等学科领域的理论和方法,深入剖析典型城市的河湖水系及水环境问题,构建多目标耦合模型,评估河湖连通状况,拟定并优化了活水调度方案。该专著作为河湖水系连通及活水调度研究的具体实践,对我国不同类型城市的河湖水系连通及活水畅流调度工作的开展具有重要意义。

本书可供从事水务工程、城市水务、城市水文、城市防洪与排涝等相关专业研究人员、水利、市政、规划等有关部门管理人员,以及大专院校相关专业教师和学生使用和参考。

图书在版编目(CIP)数据

典型城市河湖连通及活水调度理论与实践 / 高成,丁华凯,鲁春辉著. -- 南京:河海大学出版社,2023.6
ISBN 978-7-5630-7935-3

Ⅰ. ①典… Ⅱ. ①高… ②丁… ③鲁… Ⅲ. ①水资源管理—研究—中国 Ⅳ. ①TV213.4

中国国家版本馆 CIP 数据核字(2023)第 113056 号

书　　名	典型城市河湖连通及活水调度理论与实践
书　　号	ISBN 978-7-5630-7935-3
责任编辑	龚　俊
文字编辑	邱　妍
特约校对	梁顺弟
装帧设计	槿容轩　张育智　刘　冶
出版发行	河海大学出版社
地　　址	南京市西康路 1 号(邮编:210098)
电　　话	(025)83737852(总编室)　(025)83787600(编辑室) (025)83722833(营销部)
经　　销	江苏省新华发行集团有限公司
排　　版	南京布克文化发展有限公司
印　　刷	广东虎彩云印刷有限公司
开　　本	718 毫米×1000 毫米　1/16
印　　张	12
字　　数	217 千字
版　　次	2023 年 6 月第 1 版
印　　次	2023 年 6 月第 1 次印刷
定　　价	80.00 元

目录
CONTENTS

第1章　绪论 ··· 001
  1.1　研究背景 ··· 001
  1.2　研究意义 ··· 002
  1.3　国内外研究进展 ·· 003
    1.3.1　城市化对水系的影响 ·· 003
    1.3.2　生态流量计算方法 ··· 003
    1.3.3　水系结构和连通性研究 ··· 005
    1.3.4　水量水质耦合模型 ··· 006
    1.3.5　引清技术 ··· 007
    1.3.6　活水调度 ··· 008
  1.4　研究内容 ··· 009

第2章　河湖连通及活水相关理论及技术 ································· 011
  2.1　河湖连通方式 ··· 011
    2.1.1　连通的基本准则 ·· 011
    2.1.2　连通方式 ··· 012
    2.1.3　驱动因素 ··· 013
    2.1.4　构成要素 ··· 014
    2.1.5　河湖连通特征 ·· 015
  2.2　河湖连通与活水关系探析 ·· 016
    2.2.1　河湖关系 ··· 016
    2.2.2　量质交换 ··· 017
    2.2.3　水循环 ··· 018
    2.2.4　河湖连通在活水方面的利 ····································· 019
    2.2.5　河湖连通在活水方面的弊 ····································· 019

I

2.3 水系连通评价技术 ···································· 020
　　　　2.3.1 自然指标 ···································· 020
　　　　2.3.2 社会功能指标 ································ 021
　　　　2.3.3 河网结构及连通性综合评价指标 ················ 022
　　2.4 基于水量水质耦合的活水调度技术 ···················· 022
　　　　2.4.1 模型简介 ···································· 022
　　　　2.4.2 模型参数 ···································· 025

第3章 基于河库连通的山丘型城市引调水实践 ················ 026
　　3.1 基于生态调水需求的沂源县河库连通评价 ·············· 026
　　　　3.1.1 水系连通需求分析 ···························· 026
　　　　3.1.2 沂源城区水系生态流量计算 ···················· 035
　　　　3.1.3 水系连通效果研究 ···························· 048
　　　　3.1.4 水系连通前后结构及连通性评价 ················ 063
　　3.2 基于库库连通的安吉县引调水水质评价 ················ 065
　　　　3.2.1 库库连通工程概述 ···························· 065
　　　　3.2.2 水量水质耦合活水调度模型构建 ················ 067
　　　　3.2.3 引调水模拟方案组合 ·························· 072
　　　　3.2.4 库库连通引调水结果分析 ······················ 073

第4章 基于多源补水的山丘平原混合型城市活水实践 ·········· 091
　　4.1 海曙区概况 ·· 091
　　　　4.1.1 自然地理 ···································· 091
　　　　4.1.2 水文气象 ···································· 092
　　　　4.1.3 河网水系 ···································· 093
　　4.2 多源补水的活水目标 ································ 098
　　4.3 海曙研究区水量水质耦合模型构建 ···················· 098
　　　　4.3.1 模型构建 ···································· 098
　　　　4.3.2 参数率定 ···································· 100
　　4.4 新增工程分析 ······································ 107
　　　　4.4.1 引调水工程规划布局 ·························· 107
　　　　4.4.2 新增引水工程规模分析 ························ 109
　　　　4.4.3 新增退水工程影响分析 ························ 128

4.5	皎口水库下泄流量及方式分析	129
4.6	生态调水机制建议	134
	4.6.1 总体引配水布局	134
	4.6.2 引配水方案建议	134

第5章 基于闸站联调的平原河网型城市活水实践 137

5.1	盐城市中心城区概况	137
	5.1.1 地理位置	137
	5.1.2 地形地貌	138
	5.1.3 河流水系	139
	5.1.4 水利工程	140
5.2	区域活水目标	142
5.3	活水方案拟定	143
	5.3.1 引水水源水量水质分析	143
	5.3.2 活水调度方案拟定	145
5.4	盐城研究区水量水质耦合模型构建	150
5.5	闸泵调度活水效果分析	152
	5.5.1 评价方法	152
	5.5.2 整体区域活水方案效果评价	153
	5.5.3 局部区域活水方案效果评价	171
	5.5.4 闸泵活水调度方案推荐	172

第6章 本书研究成果 174

6.1	河湖连通相关理论	174
6.2	针对基于河库连通的山丘型城市引调水研究成果	175
	6.2.1 生态调水的沂源县河库连通	175
	6.2.2 库库连通的安吉县引调水水质	176
6.3	针对多水源补水的山丘平原混合型城市活水研究成果	177
6.4	针对闸站联调的平原河网型城市活水研究成果	178

参考文献 180

第1章
绪论

1.1 研究背景

水是生命的源泉、生产的要素、生态的基础。近些年来,居民对生活品质要求的提高,对城市品位的向往,使得水生态、水环境问题备受关注。党的十八大、十九大更是将水生态文明建设放在突出位置,说明经济社会发展对保障供水安全、防洪安全、环境安全、生态安全的要求日益提高[1]。建设人水和谐的现代化,构建水清水美的生态环境成为当前形势下的迫切需求[2]。

河湖水系是水资源的主要载体,是生态环境中重要的组成元素,是经济发展社会进步的重要保障[3]。然而,随着我国经济社会发展日新月异,城市化进程不断加快,一些城市中的河道受到人类影响,横断面形状单一、护坡类型由自然护坡变为硬质护坡、河道走向裁弯取直,河道原本的生态特性均发生了明显变化,使得城市河网水系结构单一化和主干化的趋势日益明显[4]。与此同时,工业、农业及生活污水排放量也随之增加,且城市相关配套设施建设不足,给城市水环境带来越来越大的考验。由此引发了洪水宣泄不畅、生态环境恶化等水安全、水生态问题[5]。长此以往,城市水系不堪重负,河道污染负荷过重,黑臭水体逐渐遍布,城市水环境情况不容乐观[6],面对严峻的挑战,河湖水系连通以及活水调度的理念应运而生,在新的形势下,河湖水系连通与引清活水作为行之有效的治水方略已经受到广泛关注并展开研究[7-11]。

作为河湖水系连通中的重要一环,加强整体水系的连续性是指,通过对水系河网的结构进行研究,采用新开河道、跨河道调水、开展生态保障工程等方式提升河网整体的横向和纵向连通性,统筹考虑生态结构中的水量、水质等要素,保障河道生态流量,确定河网防洪安全,实现水体河网的通畅、清洁与安全。水系连通过程中主要考虑以下三方面因素:

(1) 连通性

要形成可持续的水系生态环境,保证其连通性是基本途径。包括两个方面:一是纵向上保证水体河网的畅通,尽可能减少人工建筑(如拦水坝)的阻隔;二是保证河道之间、河网整体的连续性,加强不同河道之间的连通,增强河网的调蓄能力。

(2) 安全性

要形成保障水安全的水系格局,需要对水系进行防洪安全验证,保证河网能够达到相应的防洪标准,保证基本的水安全,防止洪水对两岸及下游地区造成安全威胁。

(3) 生态性

保障水系生态流量,为水质净化、水生生物生存、景观、游憩提供基本的生态流量是水系连通的基本目标。在水系连通过程中应首先考虑保障生态流量的需求,以满足净化水体、涵养水体、恢复植被等生态功能。

黑臭现象是城市化进程中水生态系统面临的一个严重问题,发生在世界范围内,其整治包括控制污染源污染排放,完善污水管网,河道清淤,削减内源污染,生态修复等,是一个需要长期与之斗争的过程。快速有效地缓解城市河道黑臭现象,引清活水是一个行之有效的方法。引进清洁水源,河道水体污染物得到稀释的同时,为河道水体流动提供动力,使河网水体流动起来,增强河道水体自净能力,有利于污染物的稀释、迁移,曝气作用明显,水体含氧量显著提高,有利于污染物降解。

1.2 研究意义

我国是个具有多种城市类型的国家,不同城市类型具有不同的水系特点,针对以上问题需要采取不同的治理措施。目前,我国河湖水系连通以及活水调度工作虽然取得了不错成绩,但仍存在许多问题,对典型城市进行分析,具有十分重要的意义。

本书选取山丘型、山丘平原混合型以及平原型城市这三种常见类型的城市,以山东沂源县河库连通方案、浙江安吉县两库引调水工程、浙江海曙平原河网引调水试验以及江苏盐城基于闸泵调度的活水方案为背景,通过研究典型城市所面临的水系连通及水环境问题,评估河湖连通状况,总结提炼有效措施,拟定并比较活水调度方案,探索提出优化方案,有利于为其他学者的研究提供可能的理论和思路借鉴。

本书还作为河湖水系连通及活水调度研究的具体实践,较为系统地分析和研究了典型城市水系连通及活水调度机制,通过结果分析可为当地进一步提升和巩固治理成效提供改革思路,为我国其他城市开展河湖水系连通及活水调度工作提供技术支持和决策依据,对创造良好的生态环境,提高城市居民生活质量,实现人与环境的和谐共处,具有十分重要的现实意义和应用价值。

1.3 国内外研究进展

1.3.1 城市化对水系的影响

河湖水系是水资源的载体,对保障水生态、水安全起到重要作用。但是一些城市中的河道受到人类影响,横断面形状单一、护坡类型由自然护坡变为硬质护坡、河道走向裁弯取直,河道原本的生态特性均发生了明显变化,使得城市河网水系结构单一化和主干化的趋势日益明显,由此引发了洪水宣泄不畅、生态环境恶化等问题,在新形势下开展水系连通的研究具有重要的战略意义。

众多研究表明,随着城市化发展水平的提升,城市河网数量减少、水系结构简单、水面率和河网密度降低、河网功能被削弱等现象凸显[12]。邵玉龙等[7]研究了苏州市近 50a 的河网水系变化,结果表明:在城市化发展过程中,河流数量减少,水系结构简单化,水系连通度下降;陈云霞等[8]开展了城镇化对浙东沿海地区影响的研究,发现随着城镇化水平的提高,河网密度和河网水面率的减少幅度增大,河网功能的削弱更加明显;徐光来等[13]对杭嘉湖地区近 50a 水系空间分布和时间演化进行了研究,结果表明水系变化的空间差异明显,支流发育系数呈下降趋势,河网随城市化的发展逐渐主干化。

1.3.2 生态流量计算方法

河流生态流量的计算方法起步于 20 世纪 40 年代末期,到 20 世纪 70 年代开始快速发展。发展到今天已形成了 200 多种计算方法,大致可分为五类:水文学方法、水力学方法、生境模拟法、整体分析法和其他方法[14-18]。

(1) 水文学方法

水文学方法是基于水文历史流量资料来计算河流生态流量的一类方法。这类方法数量众多,包括 Tennant 法[19]、Texas 法[20]、流量历时曲线法[21]、Lyon 法[17]、Q95(95%保证率下的最枯流量)法[22,23]、IHA 法[24]、RVA 法[25]、基本流量法等,大部分目前仍在使用。

(2) 水力学方法

水力学方法是基于河道宽度、水深、流速和湿周等水力参数来计算河流所需流量的一类方法,代表方法有湿周法和 R2CROSS 法,我国学者在此基础上进行了改进,提出了水力半径法等。计算所需的水力参数可以通过实测获得,也可以由曼宁公式推求。这类方法应用研究进展缓慢,但为生境模拟法奠定了基础[14,16]。

(3) 生境模拟法

生境模拟法是对水力学方法的进一步发展,主要选取某一种或多种指示物种,以满足指示物种适宜的物理生境为目标确定生态水量的需求,主要是通过指示物种所需的水力条件确定生态流量。该方法重点考虑指示物种的生存需求,并且考虑生态因素,代表性的有 IFIM 法、CASMIR 法,其中 IFIM 法应用较广[14,16]。

(4) 整体分析法

整体分析法起源于 20 世纪 90 年代中期,近些年得到了快速发展,成为目前专家学者研究的热点,代表方法有 BBM 法、澳大利亚的 ELOHA 法。这类方法将河流生态系统看作一个整体,综合考虑水文条件与泥沙运移、河床形状、河流生境之间的关系,使计算出的河道流量能够同时满足河道的多种功能需求,包括:河床稳定、水生生物生存、水质改善、水生态健康等[15]。

(5) 其他方法

除了常用的四类方法,另有一些学者提出了新的研究方法,归结为其他方法。该类方法包括水文模型法,即应用水文模型来估算河道生态流量、利用河道水质目标来推求生态流量、基于底栖动物与流量的关系预测生态流量等[14]。

五类生态流量计算方法,总结见表 1-1。

表 1-1 生态流量计算方法汇总

类别	方法	所需资料	特点
水文学方法	Tennant 法	需要历史流量资料	只需要流量数据,不需要现场测量,简单方便;考虑要素较少,只能应用于优先度不高的河段,或者作为其他方法的粗略检验
	流量历时曲线法	需要历史流量资料	
	Lyon 法	需要历史流量资料	
	IHA 法、RVA 法	需要逐日水文资料和生境、生物资料	
	7Q10 法	需要历史流量资料	

续表

类别	方法	所需资料	特点
水力学方法	湿周法	需要河道断面水力参数	水力学方法适用于宽浅及浅滩式河道，对河道的断面、水深、河宽、流速等水力参数资料要求较高
	R2CROSS法	需要河道水力参数	
	生态水力模拟法	需要河道水力参数和水生生境指标	
生境模拟法	河道内流量增加法	需要水文水化学和水生物数据	主要考虑目标生物对河流水文生态的需求，重点考虑鱼类产卵时期的要求，目标较为单一
	有效宽度法	需要建立流量和某个物种需求的关系	
	加权有效宽度法	基于有效宽度法，将断面分块加权	
	加权可利用栖息地面积法	河道水力学参数组合指标	
整体分析法	BBM法	需要水文流量资料和生态地理需求决策	将河流生态系统看作一个整体，能够综合考虑各种水文水力要素，可以满足河道的多种功能需求，但由于对河道的资料要求较高，在实际应用中需要花费大量的时间精力进行测量，给其广泛应用带来了一定困难
	澳大利亚的ELOHA法	需要逐日实测和天然流量数据和调查	
其他方法	水文模型法	根据模型确定	根据研究区实际情况灵活选用，针对性较强

1.3.3 水系结构和连通性研究

水系连通是解决河流生态保护与修复问题的重要途径，河网水系的畅通能够提升河网水系应对环境变化和极端天气的能力，提高水资源的配置效率，保障流域防洪抗旱、供水及水生态安全等[26]。

面对河网水系连通的迫切需求，国内外学者做了一定的探讨，确定了河湖水系连通的概念及内涵，构建了河湖水系连通的理论体系和基本原则，为水系连通的实践工作打好了理论基础[1,27]。

长江水利委员会在2005年将水系连通性定义为：河道干支流、湖泊及其他湿地等水系的连通情况，反映水流的连续性和水系的连通状况。这一概念重点强调了河流、湖泊等实体在形态结构上对维持水流连续的重要作用[28]，张欧阳等[29,30]随之提出水系连通性的要求，即河网应保持流动的水流和水流的连接通道，并从改善和维持湿地生态环境、保护生物多样性、保障防洪安全和水资源可持续利用等方面分析了水系连通性对水生态建设的影响。

对于水系连通的评价分析,学者也进行了深入的研究。赵进勇等[31]将图论中连通度的概念应用于河道-滩区系统连通性评价,定量分析了河道-滩区系统连通程度;徐慧等[32]在太仓市水系规划前后水系连通度的对比分析中,应用河流廊道理论和景观生态学方法来评价城市水系规划的效果;Lane等[33]利用CURM2D水文模型,以流域湿度分布作为评价指标来评价水系的景观水文连通性;高玉琴等[34]建立了基于改进图论与水文模拟方法的河网水系连通性评价模型,用于对水系的连通性进行评价。

目前的水系连通模型多数针对平原地区纵横交错的河网,而对于山丘型地区,水系结构呈树状、河道水量时空分布不均、枯水季出现断流现象的特殊情形[35,36]研究较少。而对于这一类河网的结构和连通性评价,也更多地侧重于河网形态及连通度等自然指标,很少涉及生态流量的保障性、防洪效果等社会指标。因此,选择适宜山丘型城市水系的生态流量计算方法,选取适当的自然和社会指标,构建完善的指标评价体系对河网结构和连通性进行评价,并确定水系的调整和连通的最优方案以保障河道的生态流量,对于建设山丘型城市水系的水生态文明具有重要意义。

1.3.4 水量水质耦合模型

水资源配置研究初期,由于河流水系水环境并未遭到严重破坏,对水质改善没有过多要求,故只以单一的水量调控为主要手段。随着大数据分析理论及各种分析研究的应用,水量模型不断被优化且愈发成熟[37]。Pearson等[38]、Romijn等[39]、Yeh[40]分别将二次规划法、系统分析法、线性规划法应用于水量模型的优化研究中。20世纪80、90年代,水环境污染日益严重,单一的水量调控已经无法满足因现状因素所增加的改善水质的要求,需将水量、水质共同纳入模型体系,才能更加有效地进行水资源配置[34,35]。因此,水量水质耦合模型应运而生。

水质水量模型是研究水体中污染物运动规律的基本数学工具。不管从维度上,河道复杂程度上,还是污染物数量上,水质水量模型在广大学者的努力之下发展迅速且愈加强大。水量水质数学模型经历了漫长的3个阶段。发展至今,形成了很多不同维度的成熟的水量水质模型,如QUAL-Ⅱ、MIKE 11等一维模型[41,42],CE-QUAL-W2、FESWMS、MIKE21等二维模型[34,35],MIKE3等三维模型[46]。

水质水量耦合模型的应用十分广泛,且方便快捷。Dai等[47]在QUAL2E模型基础上,构建网络流优化模拟模型;Campbell等[48]将MODSIM水量模型计算结果作为 HEC-5Q 水质模型的水动力输入,进行水量水质需求研究;Mehrez 等[49]建立非线性规划模型研究水资源供给问题,并且同时考虑了水量与水质因素;Wang 等[50]利用 MIKE3 模型对研究区水动力特征进行研究,并着重分析了风对污染物扩散的影响。同时国内也已开展相关研究,张艳军等[51]将 GIS 与水量水质模型耦合起来,简化了模型基础资料的前处理工作,使得模型能够快速地应用于其他研究区;徐贵泉等[52]采用有限体积法求解水质基本方程,研制感潮河网水量水质模型,即 Hwqnow 模型;陆豪等[53]利用 ICM 水量水质模型构建水体透明度反演计算模型,用于进行提高水体透明度的研究;梁辉等[54]利用 MATLAB 解决 QUAL-Ⅱ模型离散数据的处理问题,同时可将模拟结果直接绘制成图;朱森林等[55]自主开发汞循环模块,弥补 CE-QUAL-W2 模型无法模拟汞迁移转化的不足,并将其耦合成果成功应用于下溪河;胡豫英等[56]以平面二维浅水数学模拟框架为工具开发的水量水质耦合模型在辽河适用性较高,模拟成果能够反映出污染物变化规律;王文杰等[57]将 WASP5 氮原理加入二维水量水质模型,以解决二维水量水质模型中污染物循环反应单一的问题,耦合模型能够较好地预测玄武湖湖区水体总氮浓度变化情况;时利瑶等[58]耦合一维水动力模型与保守物质水质模型模拟研究区水体污染物浓度变化及分布规律,结合预警模型量化突发性水污染事件的影响。

1.3.5 引清技术

城市河道水污染问题的解决方法主要分为物理、化学、生物三大类别。其中包括人工曝气技术、底泥疏浚技术、人工湿地技术等。人工曝气技术主要是通过向河道进行增氧,以此来增加水体中溶解氧(DO)的含量,强化水体自净的功能,促进水体生态系统的恢复。底泥疏浚技术则是通过清除河底污泥以消减内源污染。人工湿地技术通常人为将砂石等材料按一定比例组成机制,并栽种水生湿地植物,组成类似于自然湿地的人工系统,是一种利用基质、微生物及植物相互作用去除污染的生态系统。但以上技术方法改善水环境所需时间较长,效果因地而异,且无法解决平原河网流动性差的问题。在水污染没有完全被控制的情况下,引清技术,即利用水利工程引进清洁水源,可以在短时间内达到提高平原区河网水系流动性,提高水体自净能力,并改善河网水环境的效果[59,60]。

1964 年日本通过构建大坝的方式,引进原河道流量 3.5 倍的清洁水源进入隅田川,改善了隅田川的水质,而后,日本的中川、和哥川等河流水环境相继通过同样的方法得到改善[61]。美国及荷兰分别建造水利工程引清换水提高了 Pontchartrain 湖及 Veluwemeer 湖湖区水体水质[62,63]。

以苏州河治理为领头羊,引进清洁水源方面的研究逐步在国内开展起来[64]。夏琨等[65]利用 MIKE11 模型模拟内秦淮河引水冲污方案,分析得出现状方案引水流量过小,冲污效果不明显,存在引水盲区等问题;逄勇等[66]讨论平原典型河流台州市东官河在消减污染物的同时引进优质水源,增强河道水体流动性、改善河道水质的效果明显;尚钊仪等[67]以昆山主城及周边区域为研究区,构建 MIKE11 水量水质模型,通过闸引泵排,引进清洁水源以改善昆山及周边区域水环境现状,模型模拟结果显示,研究区河道平均流速超过 0.05 m/s,且研究区的河道黑臭现象基本消除;李晓等[68]构建苏州市中心区河网一维水动力水质模型,模拟闸泵群对引水量进行重新分配后的河网水体污染物变化;颜秉龙等[69]充分利用杭嘉湖区域本地现状水利工程引入太湖及东苕溪的清洁水源,配合闸门排水使河流水体按既定方向流动,提高河道水体流速的同时增强了水体自净能力;吕犇等[70]以太仓城区为研究区,以太湖流域为模型概化范围,引进清洁水源并利用闸泵工程控制排水方向,达到城区内部河道按次序换水的目的;江涛等[71]建立西北江三角洲水量水质模型讨论闸泵联合调度引水时佛山水道污染物消减情况;高程程等[72]比选了 6 个青松大控制片引清调度方案,各方案对研究区水网水质有不同程度的改善。

1.3.6 活水调度

相比引清技术,活水调度不考虑是否引入清洁水源而更侧重于河道水动力条件的提高。活水调度通过水利工程联合调度等手段改善水体流速,提高水体自净能力,破坏藻类生长环境,阻止水体富营养化。

柳杨等[73]利用溢流堰构造三级水位差,拟定活水方案,在研究区河网中形成自流活水,方案实施后河道流速提高明显;董胜男等[74]计算了阜阳市颍西片区生态需水量,利用 MIKE11 模型模拟研究区活水方案,研究区上下游水位差为自流提供了便利,结合水系内部水利工程,能够较好地提高水体流速,实现区域活水目标;吴芸等[75]通过一维水动力模型预测不同活水方案下,昆山 7 个主要圩区内部河道水位、流量及流速的变化情况;胡和平等[76]通过布设活水泵站和节制闸将东坡湖往复流调整为单向流,大大减少水体滞留时间,提高湖泊水体水动力条件;陈兴涛等[77]研究了苏州古城区自流活水工程,自流活水工程通过三处配水工程,即通过三座溢流堰来构造水位差,增加河道流速,河道水质改善情况也十分明显。

1.4 研究内容

针对山丘型、山丘平原混合型以及平原型城市的水系特点,本书分别选择山东沂源、浙江安吉、浙江海曙以及江苏盐城等为典型城市,综合运用环境学、地理信息科学、水动力学以及统计分析等学科领域的理论和方法,深入剖析典型城市的河湖水系及水环境问题,构建多目标耦合模型,评估河湖连通状况,拟定并优化了活水调度方案。本书主要包括以下内容:

1. 针对河湖连通及活水相关概念,总结河湖水系连通的基本准则、连通方式、驱动因素、构成要素、河湖连通特征,并从河湖关系、量质交换、水循环三个方面探究河湖水系连通,加以分析河湖连通在活水方面的利弊,为合理的水系连通及活水方案提供理论依据。从自然指标和社会功能指标两个方面综合评价水系连通效果,并进一步构建河网结构及连通性综合评价指标 H,用以综合评价水系结构和连通性。对本书涉及的 MIKE11 及 MIKE21 模型中分别用于水动力模拟的 HD 模块和用于水质模拟的 AD 模块以及相关参数进行简要介绍。

2. 针对河库连通的山丘型地区,总结该类型城市水系的特点及存在问题,为水系结构连通和调整奠定基础,计算沂源县城区水系生态流量,为山丘型城市的水系调整和水量调配提供依据。拟定水系连通方案,提出新开河道与原有水系连通,同时对生态流量保障程度和防洪效果进行分析,最后制定一套指标体系用于定量分析水系连通功能,分别选择自然指标和社会功能指标,从两个方面构建用于评价水系连通功能的指标体系和评价标准;针对库库连通的安吉县引调水区,通过对赋石水库和老石坎水库构建一维和二维的水质水量耦合模型,以及构建三种情景:情景一——未引水未下泄生态流量、情景二——未引水下泄生态流量、情景三——引水工程实施后,来研究引水调度工程实施后对水库及下游河道水质的影响,同时对典型断面水质的影响进行了预测。既对安吉县实施引调水工程后的水质进行了模拟,又为其他类似工程提供借鉴。

3. 对多源补水的山丘平原混合型城市浙江海曙,构建水文水力模型,利用原型调水试验监测数据进行模型参数率定与验证。拟定若干引水方案,利用模型计算分析引配水对河网水动力改善效果,科学布设配套工程,优化引调水方案,完善海曙平原河网引配水格局,最终形成一套完整的生态调水机制。

4. 针对闸站联调的平原河网型城市盐城市第Ⅲ防洪区,分析其水利现状,拟定活水方案,利用 MIKE11 构建研究区水量水质耦合模型,通过利用模型模拟不同活水方案,得到不同方案下河网流动情况及污染物浓度变化情况,确定不同引水泵站的最佳引水规模及影响范围,确定能够使研究区整体河网水系流动性及水质达到最佳的活水方案,同时,进一步针对局部流动性和水质无法改善的区域提出针对性活水方案。

第 2 章
河湖连通及活水相关理论及技术

2.1 河湖连通方式

河湖连通是一项庞大的系统工程。要想增强区域水资源承载能力,提高抗御各种水灾害的能力,改善修复生态环境,必须构建布局合理、引排得当、循环通畅、引流调蓄、多源互补、调控自如的河湖连通体系[78]。

2.1.1 连通的基本准则

河湖水系连通规划需要满足安全性、经济性、合理性、可行性、稳定性等多方面的要求,结合水系现状展开,连通准则包括以下五点[1]:

1. 社会公平准则

河湖水系连通可能会导致经济效益、生态效益在不同流域间转移,因此,河湖连通需要在保障公平的同时还能促进相连流域的共同发展。所以河湖连通规划应统筹各流域水资源的开发利用和其不同的用水需求,促进区域间协调发展[1]。

2. 经济发展准则

为了水系连通能促进被连通两地的经济发展,要求通过河湖连通促进水资源高效利用,制定河湖连通工程实施方案和筹资方案时要考虑到工程涉及的基础设施建设及管理维护通常投资大、成本高,应充分论证工程的投资效益关系,使所建工程与各区域经济发展、生态环境相匹配[1]。

3. 生态维系准则

近年人们越来越重视水利工程建设对生态水系的影响,为充分发挥水的生态服务功能,确保生态安全,需做到扣除河湖连通产生的生态代价后,连通后的生态服务功能仍应优于连通前的服务功能;重视水系连通对生态产生的副作用,特别是对生态脆弱地区要避免连通导致的生态破坏[1]。

4. 环境改善准则

水环境和人的关系最为密切,但它也是受人类破坏最严重的领域,为了改善水环境,提升水景观,应该在有效保护水资源的前提下,充分发挥水系连通的环境修复功能,保证连通后被连通的两地水质有所改善,重要水功能区的水环境容量和纳污能力有所增强,保证水资源调出区水质状况得到保障,还要增强水的景观效应[1]。

5. 风险规避准则

水生态系统及其组分所承受的风险和突发性事故(一般不包括自然灾害和不测事件)对水环境的危害程度可能会因为水系连通后水循环各要素改变而发生变化。此外,人们也关注连通工程本身的工程风险和经济风险。因此,为了规避各类风险,应保证连通后两地的旱涝灾害风险、水循环各要素改变所伴生的生态环境风险降低,河湖连通工程本身的工程安全风险和经济风险要尽可能小[1]。

2.1.2 连通方式

王浩院士说过,一个地区是否需要水系连通应根据自然条件和可持续发展的要求判定,连通是否可行应根据资源承载状况、风险环境约束和经济技术条件来进行研究,连通所采用的方式应根据水系格局与经济社会发展布局合理来选择[78]。

根据目前国内外实施河湖水系连通的主要目的、手段、途径、工程等,可将其大致划分为以下 6 类。

1. 城市水网式:为了加强水资源调配能力,通过区域间的水网建设构建水资源配置网络,如新建水库、闸坝、水渠等工程,加强水资源的流通、输送和补给,提高水资源配置能力和供水保障率,解决缺水地区的用水问题[79,80]。如引滦入津这些城市供水工程,通过供水管网连接城市河流,给缺水城市引调水资源丰富地区的水,提高城市供水保证率。同时通过构建水网,建设人水和谐的城市水景观及休闲娱乐设施,改善居民生活环境,提升城市文化生态底蕴,如桂林两江四湖工程[81]。

2. 河道疏通式:为了提高河流通水能力或满足河道用水,保证航运、供水、水生态修复、防洪等功能的正常发挥,常通过水体自然循环净化和人工治理措施,对河道进行清淤、清污、拓宽、加深或增加蜿蜒度等[79]。

3. 水体置换式:当区域出现水质型缺水、水质不达标时,为了加强水体更新能力和改善水环境,通过人工调控增加连通水系的调水、补水能力,进而提高水体循环自净和更新能力,缩短水资源循环更新时间,增加水环境容量,最终改善水质状况,如引江济太工程[79]。

4. 引流调蓄式:以提高水资源开发利用效率为目的,为了增加储水区的水能、水量,进而提高河流水系的发电效率和供水能力,从外部引水调水[79],如引洮入定工程的九甸峡水利枢纽,通过连接河流与水库,引水蓄能发电,提高水电站的发电效率,创造更多经济社会价值[81]。

5. 分流泄洪式:以提高洪水防御能力、规避洪灾损失为目的,为了降低洪水的破坏力,强化水灾害防御能力,建设分洪道,建立水系连通,新开河渠,向邻近有一定蓄洪能力的河流、湖泊泄洪,也可以通过恢复与河流邻近滩地、湿地、蓄滞洪区等水体的联系通道增加蓄滞洪能力[80],加强水系疏通、排引功效,以形成洪水防御为主的水系连通体系[79]。

6. 开源补水式:在长期的水土开发过程中,部分地区忽视了河湖自然演变规律,挤占河道、围湖造田、过度垦殖,造成河湖连通性减弱,扰乱水系,导致其生态系统濒临危机[82],为了维持河流自然生态需求,通过水库、闸坝等水利工程调度,确保连通水系原有的水力联系得以维持,河道不断流,河湖不分离,湿地不萎缩,生态不退化,改善河流水生态系统的生存环境[79]。

2.1.3 驱动因素

河湖连通的驱动因素分为自然驱动因素和人为驱动因素。

1. 自然驱动因素

在地貌变迁、河床淤积、气候变化等自然因素的影响下,水系的形态、结构、功能发生变化。地质构造运动产生的三大地形阶梯之间的隆起带是我国主要江河发源地,极大影响着水系的总体格局、走向。地貌变迁是一个缓慢的过程,对河湖水系演变的影响具有长期的积累效应。气候变化则直接影响着河湖水系演变中水动力变化[82],它会导致极端天气发生、旱涝灾害频发、海平面上升、生态系统改变等一系列后果,如因为气候变暖,流域蒸发量变大,而降雨量减少,使得河流的径流量减少,甚至河道干枯,降低了河流的连通关系[83]。水文泥沙是河湖水系演变最直接的影响因素,河流的水沙条件会因为河流侵蚀、搬运和堆积作用而改变,导致河流结构形态、淤塞程度以及湖库面积的改变,进而影响河湖水系的连通状态,最典型的是历史上多次发生的"黄河夺淮"事件,泥沙淤积,阻塞河流的连接通道,河势畸形演变,侵占了淮河的入海河道,使得原本成形的淮河水系出现紊乱,导致淮河流域下游洪涝灾害加重[79,82]。

2. 人为驱动因素

随着经济技术的发展，人们为了满足生存发展需求，对水系做出一系列改造，若目前河湖水系的服务功能已经无法满足经济社会发展的需要，人们就会选择修建水系连通工程对原有河湖水系服务功能进行拓展和提升[84]，虽然在一定程度上有利于水资源时空的重新分配，但也造成了原本不连通的水系进行了连通，亦或是阻断了原本连通的水系[83]，主要包括：

1）在城市化扩张过程中，与河争地，填埋河道，侵占河滩，在减少流域水面积的同时，基础设施建设等活动显著改变了下垫面条件，增加了不透水面积，从而影响区域水文循环，加重区域防洪减灾的负担。此外，生产生活用水、污水排放等人类活动愈加频繁，引发河流污染，甚至导致河流功能丧失[85,86]。

2）水利工程建设：随着社会发展，防洪减灾标准越来越高，区域内修建了大量的水利工程和堤防。这些水利设施在灌溉、发电、防洪、供水等诸多方面发挥了重大作用，但也同时使得河网空间分布结构发生改变，降低了河流与湖泊、湿地及河漫滩之间的连通性，对河流生态系统的结构和功能造成了严重影响[86]。此外，为了社会正常运转（如航运等）而修建的水利工程加速了河道泥沙淤积，最终退化为泄洪防洪通道[85]。

3）农业活动：平原河网地区为了适应农业现代化发展，人们围垦建圩，或者利用农田、道路乃至建筑物等侵占河道，直接阻隔河流，导致河流面积缩小或者河流中支流被人工分割，降低了其连通性[83]。

在河湖水系的演变过程中，自然因素与人为因素往往相互作用、共同影响；人们对因自然因素导致的水系改变采取的措施必然使河湖水系发生新的变化；人类对河湖水系的各种干预往往会反过来加速或者减缓自然演变的过程。同时，人类活动也可以通过改变地貌、气候等自然因素间接影响河湖水系的自然演变[82]。

2.1.4 构成要素

河湖水系连通是多功能、多途径、多形式、多目标和多要素的复杂水网系统，其构成要素主要有：

1. 良好水资源条件的自然水系

江河湖泊是水系连通的载体，是构建河湖连通的基础。区域的河网水系越发达，则水系连通条件越好。其次，处于自然状态下的河湖水系更稳定，有很好的自我调节功能，因此更容易实现连通[79]。此外，良好的水资源条件是自然水系的物质基础,水质、水量、水系结构等都会直接影响水系连通[87]。

2. 水利工程

水库、运河、闸堤、灌区、蓄滞洪区等水利工程是实现河湖连通的保障。目前,社会发展越来越依靠水利工程来提供充足的水资源,它不仅影响着社会经济,还影响着区域内的生态环境、气候变化等[79]。水利工程对河湖水系连通的作用是双向的,一方面,水利工程可以恢复河湖之间的水力联系,实现水资源优化调配,丰枯调剂,改善生态环境;另一方面,如果连通不当,运行失调,也有可能造成水系紊乱、生态恶化[1]。所以在修建水利工程前必须进行充分估量,平衡利弊,努力发挥水系连通工程的积极作用[87]。

3. 管理调度准则

管理调度准则是实现河湖水系连通的手段。有了管理调度准则,水利工程才能正常运转,如汛期防洪、枯期调水、播种季节灌溉等[79]。由于河湖水系连通工程很庞大,连通格局很复杂和气候变化影响有不确定性,水利工程的运行、水资源的调度等要求遵循更为全面、宏观、精确的调度准则[1,87]。

2.1.5 河湖连通特征

1. 复杂性

河湖水系连通研究对象复杂,包括全国范围的河湖水系,面积大,结构复杂;构成要素众多,包含河湖、湿地等自然水系,水库、泵站等水利工程组成的人工水系,以及为实现各种连通目标制定的调度准则;影响因素众多,既有包含气候变化、地貌变迁的自然因素,也有人类活动的影响,这些因素都存在很大的不确定性,与水网的不确定性叠加后,将使复杂水网巨系统存在更大的不确定性;满足目标多样,需要满足地区经济社会发展需求、社会公平需求、生态维系需求、环境改善需求、风险规避需求;涉及学科领域广泛,需要水循环、水调度、经济社会、生态环境等多学科、多领域的理论知识;过程历时长,因为河湖水系连通很庞大复杂,完善和改进需要漫长的不懈努力[1]。

2. 系统性

因为我国水资源时空分布不均,必须整体宏观地规划河湖连通的建设,必须综合考虑水资源调配及安全、水生态修复、水环境改善和社会经济的可持续发展[1]。

3. 动态性

河湖水系连通是一个动态的系统工程,包括河湖水体的动态性和河湖水系连通过程的动态性。河湖内部水体不断流动,一方面沿着原来水系流动方向流动,另一方面根据需求和调度准则,水体流向发生转变。其次,河湖水系连通工程调度准则根据水情及经济社会、生态环境需求不断调整,河湖水系的结构、功能也相应变化[1]。

4. 时空性

河湖水系连通具有时间和空间的属性:不同水体、水流在不同的地域、时段有不同的特性,水量、水质都会呈现时空分布不均的特点;因为我国水资源时空分布的不均,河湖连通战略必须因地制宜,以实际情况为准,采用不同的连通方式,合理连通,实施跨地域、跨时间的水资源优化调配和防洪调度,实现丰枯调剂、多源互补的目的[1]。

2.2 河湖连通与活水关系探析

河湖水系连通工程是人类调节自然水循环过程、兴利除害的有效手段[88]。建设河湖连通工程是增加生态环境供水的主要措施,连通河湖还可以改善水质,修复水生态环境。通过加强水系连通,促进水体有序流动[89],通过引水活水补充生态水量和改善河湖环境,保证湖泊水量,提高河湖水质,还可以提供城市环境用水供水通道,缓解湿地来水不足的问题。反之,若发生河湖阻隔、水网动力循环条件变差、生态系统退化等水系自然连通性衰退问题,会使湖库相对连通性降低,有可能会导致湖泊水质和生态功能退化,沼泽化进程加快[89]。河湖连通的演变受自然因素和人类活动的影响。随着改造自然能力的增强,人类活动渐渐成为河湖连通格局转变的主导因素[84],对水土资源的过度开发,导致河湖连通性降低,水体流动性减弱,纳污能力下降,进一步加剧了水环境恶化程度,并造成水质性缺水[80]。所以应该加强江河湖库水系连通,对进出湖泊的河流通过疏浚、生态清淤、引排工程以及调水等措施,将河湖互联互通,以促进水生态系统良性循环和动态平衡[89]。

2.2.1 河湖关系

从基本概念看,自然界中的河流、湖泊都是一种水体,是存在于各种自然力所营造的陆地洼地中的水体。不同之处,河流是一种更新较快的水体,这个特性源于自然水循环过程的流动性和连续性,这决定了河流水体的可再生性。这些性质把河流和生态环境联系起来,为了维持它们的健康,必须保证河流的流动性与连通性。

湖泊是一种水量交换相对缓慢的水体,是连接不同河流的"连接器",而湖泊与湖泊之间又可通过河流连接。因为湖泊水面面积之大、蓄水能力之强,它可以像一个"转换器",将流速较大的洪水转变为流速小的径流。同时,湖泊滞蓄水能力也能调节降水时空分布不均性,起到"蓄水器"作用,实现蓄滞得当、丰枯调剂[90]。

保持水体的流动性和连续性,发挥湖泊水体的调蓄水能力和湿地生态效益是维持水系连通的根本,这样才能实现河湖健康与河水可持续开发利用,达到良性水循环的综合目标[90]。

2.2.2　量质交换

河湖存在水、生物、溶解物、悬浮物等物质的交换,也就是河湖之间的"量质交换","质"是指河湖之间所有随水流而发生交换的物质、能量、信息和价值;"量"是指河湖之间交换的物质、能量、信息和价值的量。河湖连通关系和量质交换相互影响,一者变化,另一个也会受到影响。河湖之间只要存在水流,就会有最基本的"量质交换",包括"物质流"、"能量流"、"信息流"和"价值流",河湖系统才能发挥其正常的生态功能,维持一定的生态平衡[91]。

1. 河湖之间的"物质流"

在河湖系统中,溶解物质、泥沙、微生物、水生动物和污染物等会随水流在连通系统中不停移动交换[92],这深刻影响着流域生态环境的形成和演变[93],同时也对人类文明的发展具有重要的意义[30],人类不仅可以从连通系统中获取生活必需品,而且物质流还能给人类农业生产提供有利条件。

2. 河湖之间的"能量流"与"价值流"

水流遵循着能量守恒和物质守恒定律,由于水位差的存在,水流中总存在势能和动能的相互转换。因此,河湖之间的水流也是"能量流",可以用水位差、流量、流速等常见的水文要素来反映[94]。这种"能量流"可以为人类社会创造价值,如利用水的动能价值,支持航运,节省大量人力物力;通过水电站,把水流动能价值转化成电能。

3. 河湖之间的"信息流"

河湖系统中还有人类活动和生物信息的交换,一些鱼类的洄游特性就是河湖系统存在"信息流"的典型例证,它们随水流在不同地方生长繁衍,传递着生命信息[95]。另外,人类活动也在河湖之间传递着信息,如渔业捕捞、航运交通、科学考察等。所以河湖之间"量质交换"实质就是河湖之间物质、能量和信息的交换过程,同时也是价值产生和流动的过程[91]。

2.2.3 水循环

河湖水系连通的目的就是遵从自然规律,针对流域水循环存在的问题,进行合理干预,利用连通性构建良性水循环。首先要综合考虑人类活动和气候变化等因素对水循环的影响,分析水循环构成要素和相互作用关系,明确现有河湖水系存在的问题;其次要明白连通工程对河湖连通水循环的作用机理,分析河湖连通对水循环、水资源转换的影响[84],其中需要特别关注以下几个水循环问题:

1. 水量平衡

通过工程措施修建河湖连通体系,必然改变原有水系的结构,打破原有水量平衡关系。所以需要及时调整水资源配置方案,重新研究区(流)域水循环的变化和新的水量平衡关系,合理安排水的时空分布,否则会破坏自然生态与环境,造成湖泊干枯、河道断流、地下水位不合理升降等,导致水资源枯竭[90]。

2. 能量平衡

在规划河湖连通工程时,要考虑到河湖内能,要遵循能量转换规律。尽可能利用河流、湖泊水体自身的能量,维持水体的流动性,如大型跨流域南水北调工程[90]。

3. 水资源可再生性

河湖连通更重要的目的是提高水资源统筹调配能力,增强水资源开发利用与保障能力。因此,必须增强河湖水系连通的流动性和连续性,进而增强河湖水体的可再生能力,这样才能实现水资源可持续利用的水循环[90]。

4. 水循环尺度

河湖水系连通具有多时空尺度的特性,从国家层面看,应重点研究跨流域调水对水循环、涉及区域生态环境的影响,提高经济社会格局与河湖水系格局的协调能力[96],加快南水北调工程建设,构建我国"四横三纵、南北调配、东西互济"的水资源战略配置格局[90]。

从区域层面看,针对典型区域的典型问题分析其影响因素,判断河湖连通对区域走向的影响,加快跨流域调水工程建设,增强水资源调配能力,提高区域水资源承载能力,促进区域内经济、社会和生态效益的协调和统一[90,96]。

从流域层面看,综合采取控源截污、清淤疏浚、生态治理、合理调度等措施,恢复河湖生态系统及其功能,构建"引得进、蓄得住、排得出、可调控"的江河湖库水网体系[90]。

水循环规律在不同时空尺度上是不同的,因此,具体情况具体分析,严格遵循相应的水循环规律,构建河湖连通体系,才能真正提高水资调配能力、改善生态环境质量、防御洪涝灾害[90]。

2.2.4 河湖连通在活水方面的利

1. 水质改善

河湖水系连通可以促进水循环,提高水体更新能力、自净能力、纳污能力,对改善水质和生态修复有一定作用[96]。在高效处理污水、有效控制污染源仍不能解决水质问题时,通过河湖水系连通改善水质,是科学合理之选[97]。

2. 生态环境改善

水系连通可使河道水流显著增加,径污比增高、水质控制条件趋于稳定,改善水质,水生生物可以通过活水流动迁徙繁衍,同时因为活水流动可以供给流域生态环境需水量,有利于形成湿地保护生物多样性[97,98]。

3. 调度、水量分配

水资源在我国时空分布不均,造成我国局部地区缺水,影响了经济发展和人们的生活[99]。河湖水系连通是水资源,以及与之相关的旱涝风险、生态资源的再分配过程。因此,调度和水量分配是河湖水系连通的重要组成部分[84],河湖水系连通构建了各种水网系统,打破了自然流域的界限,实现了河流的互济贯通,解决了水资源空间分布不均的问题[99]。

4. 加强局部地区的水循环

水系连通可以增加缺水地区的水面面积,加强了水圈、大气圈、生物圈、岩石圈之间的垂直水气交换,有利于水循环的运转[97]。

5. 补偿地下水

缺水地区通过河湖连通调水,减少了地下水的超采,并通过地表、地下水的合理调度,增加地下水的入渗和回灌,降低地面沉降的危害[97]。

2.2.5 河湖连通在活水方面的弊

1. 可能会导致原本水质较好的河流由于和水质相对较差河流连通后活水中污染物发生扩散或迁移,降低了原来河流的水质[98]。

2. 水生生物会随活水移动,河湖连通可能会导致外来物种入侵,加剧物种竞争,使竞争性较弱的种类濒临灭绝[98]。

3. 河湖连通能引调水到缺水地区,但会使原来河湖有效可利用水量减少,影响通航水深和湿地蓄水量[98]。

4. 引调水后，原河流水量减少，会改变地表及陆地的水循环过程，长期作用会影响局部地区气候发生变化[98]。

5. 河湖连通后，水中悬浮物随活水流至下游，导致下游地区泥沙淤积量急剧增加，降低下游行洪能力、河湖水环境生态健康质量[98]。

6. 连通后随活水流动，水中可溶物进行交换，水物理化学指标会发生变化，进入城市供水管网，可能会对原有环境下的管网造成腐蚀、堵塞等影响[98]。

2.3 水系连通评价技术

国内对于水系连通评价的研究尚处于起步阶段，从前人研究成果来看，研究多集中在河湖水系连通的概念、理论体系及连通度等方面，未能从生态流量保障程度、防洪效果等实际功能层面进行分析[8,100-102]。

河湖水系不仅需要考虑自然特性，在人类影响下，更需要注重水生态功能及行洪排涝等社会功能，以保证人与自然和谐相处。因此，本书从自然指标和社会功能指标两个方面综合评价水系连通效果，并构建河网结构及连通性综合评价指标 H，用以综合评价水系结构和连通性。

2.3.1 自然指标

河道的自然指标分为结构性和连通性两方面，结构性侧重于河网整体的密度、形态等，连通性注重河道内水体的连续性与流动性。基于此，本书选取河网密度、水面率、河网复杂度、纵向连通度、横向连通度 5 项指标作为评价水系结构和连通性的标准[79,103-106]，见表 2-1。

表 2-1 评价指标的含义

类别	评价指标	符号表示	含义
水系结构	河网密度	R_d	水系长度与流域面积比
	水面率	W_p	水面面积与区域面积之比
	河网复杂度	C_R	分支比和长度比的综合描述
连通性	纵向连通度	W	河流系统内生态元素在空间结构上的纵向联系
	横向连通度	C	不同河流互相连接的程度

1. 河网密度 R_d

$$R_d = L/S \qquad (2-1)$$

式中：L 表示流域内河流总长度，km；S 表示流域总面积，km²。河网密度反映一个地区的河网占土地总面积的比值，河网密度越大，说明该地水系越发达。

2. 水面率

河道多年平均水位下河道水体所占有的实际水面积与区域面积之比，可粗略用河流总面积/区域总面积得到。

3. 河网复杂度

$$C_R = N_a * (L/L_m) \quad (2-2)$$

式中：N_a 为河流等级数；L 和 L_m 分别是河流总长和主干（一级）河流的河长。

4. 纵向连通度

$$W = N/L \quad (2-3)$$

式中：N 指河流的断点（或节点）等障碍物数量（如闸、坝等），L 指连续河流的有效长度。纵向河流连通性系数越大，河流连通性越差。

5. 横向连通度

$$C = N_1/N_2 \quad (2-4)$$

式中：N_1 为不同河流的连接点个数，N_2 为总的河道数量。横向连通性系数越大，说明河流横向连通性越好，相互之间连通性越高。

2.3.2 社会功能指标

除了传统的自然指标，另选取生态流量保障率、防洪效果作为社会指标，来衡量水系连通对人类生产生活的功能保障性。

1. 生态流量保障率

生态流量保障率指的是水系连通前后，基于水系连通和水量调度，各条河道能达到指定生态流量的数量占河道总数量的比值。生态流量保障程度越高，说明水系连通效果越好，河道的生态功能越有保障；反之则说明河道生态流量保障程度低，河网生态性差，水系连通性差。

$$\mu = \frac{\sum_{i}^{n} \theta_i R_i}{\sum_{i}^{n} \theta_i} \quad (2-5)$$

式中：R_i 表示每条河段的生态流量保障程度；θ_i 表示各条河道的等级系数，表明河道的社会属性,按照河道的优先性确定。

2. 防洪效果

防洪效果是指水系连通前后,在相应设计洪水作用下,无溃堤风险的河段长度占河段总长度的比值。比值越大,说明可能溃堤的河段越短,防洪效果越好;比值越小,说明可能溃堤的河段越长,防洪效果越差。

$$\rho = \frac{\sum_{i}^{n} \theta_i P_i}{\sum_{i}^{n} \theta_i} \tag{2-6}$$

式中:P_i 表示每条河段的防洪效果;θ_i 表示各条河道的等级系数,表明河道的社会属性,按照河道的优先性确定。

2.3.3 河网结构及连通性综合评价指标

综合河道的自然指标和社会功能指标,提出一个新的评价参数 H 用以衡量水系连通的结构及功能。

$$H = \frac{\sum_{1}^{n} \pm \delta_i \beta_i}{\sum_{1}^{n} \delta_i} \tag{2-7}$$

式中:β_i 表示所选取的各项评价指标的计算结果;δ_i 表示各项评价指标的系数,反映了评价指标的重要程度,与水系连通评价的目标需求相关,系数越大,表明该指标越重要;± 表示该评价指标与 H 正负相关关系,＋表示该评价指标与 H 呈正相关,－即为负相关。

2.4 基于水量水质耦合的活水调度技术

2.4.1 模型简介

MIKE 系列软件主要包括 MIKE Zero、MIKE Urban、MIKE C-MAP、WEST 和 FEFLOW,其中主要用于地表水模拟的 MIKE Zero 又包含 MIKE 11、MIKE 21、MIKE 3、MIKE SHE、MIKE HYDRO 等一系列组件。本次研究采用的 MIKE 11 和 MIKE 21 软件主要用于河渠的水流、水质以及泥沙的

一维/二维模拟,软件主要模块包括水动力模块、对流扩散模块、水质模块、降雨径流模块、洪水预报模块,其核心模块为水动力模块。

本书构建的模型涉及的主要是 MIKE 11 及 MIKE 21 模型中的两个模块,分别为用于水动力模拟的 HD 模块以及用于水质模拟的 AD 模块。

MIKE11 水动力模块可以很好地用于模拟河道的洪水演进情况,模型基于圣维南方程组,利用 Abbott-Lonescu 六点隐格式法进行离散以模拟洪水在河道内沿河流的行进过程[107]。其洪水演进计算是通过改变过程中的流量过程(河道上游端点边界为流量过程)以推算河道下游流量的过程,洪水演进通常是通过水库等控制性建筑物改变入流的过程。MIKE11 水动力计算是通过流量、水位节点的交叉计算对河道内情况进行模拟[108],可将其方程进行简化。

连续性方程:

$$\frac{\partial A}{\partial t}+\frac{\partial Q}{\partial x}=q \tag{2-8}$$

动量守恒方程:

$$\frac{\partial Q}{\partial t}+\frac{\partial}{\partial x}\left(\alpha \frac{Q^2}{A}\right)+gA\left(\frac{\partial y}{\partial x}\right)+gAS_f-u \cdot q=0 \tag{2-9}$$

式中:A 为河道横断面面积,m^2;Q 为河道横断面流量,m^3/s;u 为旁侧入流在平行于河道的流速,m/s;t 为时间,s;x 为沿河道水平方向的坐标,m;q 为旁侧入流的流量,m^2/s;y 为水位,m;g 为重力加速度,m/s^2;α 为动量修正系数;S_f 为摩阻比降,

$$S_f=\frac{Q|Q|}{K^2}=\frac{n^2 u|u|}{R^{4/3}} \tag{2-10}$$

式中:K 为流量模数。

各河道及河道之间均满足水量平衡方程,即:

$$Q_m^{n+1}+\sum_{j=1}^{L(m)}Q_{m,j}^{n+1}=\Delta V, m=1,2,\cdots M \tag{2-11}$$

式中:Q_m^{n+1} 为第 $n+1$ 个时段 m 节点的其他入河流量;$Q_{m,j}^{n+1}$ 为第 $n+1$ 个时段 j 节点的入河流量;M 为模拟的河道节点数;$L(m)$ 为 m 节点连接的河道数;ΔV 为节点的蓄水量。

库区水质预测模型采用平面二维水质数学模型来预测各点源、面源污染

进入库区后污染的分布情况，下游河道水质预测采用纵向一维水质数学模型。

1. 纵向一维水质数学模型

一维非恒定流水质方程为：

$$\frac{\partial C}{\partial t} = -\frac{1}{A}\frac{\partial}{\partial x}(QC) + \frac{1}{A}\frac{\partial}{\partial x}\left(D_L A \frac{\partial C}{\partial x}\right) + S_C + F_C \qquad (2\text{-}12)$$

式中：C 为水质浓度 mg/L；Q 为流量 m³/s；A 为过流断面面积 m²；S_C 为单位水体内的水质源/汇项，包括干支流汇入、污染源加入，mg/(L·s)；D_L 为弥散系数，m²/s；F_C 为生化反应项。工农业及生活污染源排放对河流水质的影响在模型源项中计入。

2. 平面二维水质数学模型

1) 水流连续方程：

$$\frac{\partial h}{\partial t} + h\left(\frac{\partial u}{\partial x} + \frac{\partial v}{\partial y}\right) + u\frac{\partial h}{\partial x} + v\frac{\partial h}{\partial y} = 0 \qquad (2\text{-}13)$$

2) x 方向的动量守恒方程：

$$h\frac{\partial u}{\partial t} + hu\frac{\partial u}{\partial x} + hv\frac{\partial u}{\partial y} - \frac{h}{\rho}\left(E_{xx}\frac{\partial^2 u}{\partial x^2} + E_{xy}\frac{\partial^2 u}{\partial y^2}\right) + gh\left(\frac{\partial a}{\partial x} + \frac{\partial h}{\partial x}\right) + \frac{gun^2}{h^{1/3}}$$
$$(u^2 + v^2)^{1/2} - \zeta v_a^2 \cos\Psi - 2hv\omega\sin\Phi = 0 \qquad (2\text{-}14)$$

3) y 方向的动量守恒方程：

$$h\frac{\partial v}{\partial t} + hu\frac{\partial v}{\partial x} + hv\frac{\partial v}{\partial y} - \frac{h}{\rho}\left(E_{yx}\frac{\partial^2 v}{\partial x^2} + E_{yy}\frac{\partial^2 v}{\partial y^2}\right) + gh\left(\frac{\partial a}{\partial y} + \frac{\partial h}{\partial y}\right) + \frac{gvn^2}{h^{1/3}}$$
$$(u^2 + v^2)^{1/2} - \zeta v_a^2 \sin\Psi + 2hv\omega\sin\Phi = 0 \qquad (2\text{-}15)$$

式中：h 为水深，m；u、v 分别为 x 方向和 y 方向流速，m/s；ρ 为流体密度，kg/m³；E 为涡动黏滞系数，kg/(m·s)；g 为重力加速度，m/s²；a 为底高程，m；n 为曼宁糙率系数；ζ 为风应力系数；V_a 为风速，m/s；Ψ 为风向；ω 为地球自转角速度；Φ 为纬度。

4) 水质模型方程：

$$\frac{\partial c}{\partial t} + u\frac{\partial c}{\partial x} + v\frac{\partial c}{\partial y} - \frac{\partial}{\partial x}\left(D_x\frac{\partial c}{\partial x}\right) - \frac{\partial}{\partial y}\left(D_y\frac{\partial c}{\partial y}\right) = 0 \qquad (2\text{-}16)$$

式中：C 为水质浓度，mg/L。

2.4.2　模型参数

1. MIKE11 HD模块参数文件

MIKE11 HD模块参数文件主要包括初始条件及河床阻力两部分。

初始条件的设置为模型的启动提供初始数据,以保证模型顺利运行。初始条件需要设置初始水位和初始流量,此两项数据应该根据研究区河网的实际情况设置,以保证模型运行的稳定以及模型结果的合理性。

2. MIKE11 AD模块参数文件

MIKE11 AD模块参数文件主要包括初始污染物浓度、污染物扩散系数及衰减系数。

初始污染物浓度同样应根据河网水体水质实际情况确定,以保证模型结果的合理性。模型中污染物扩散系数为混合扩散系数,包括分子扩散、紊动扩散、剪切扩散等各种因素,能够反映出污染物本身的降解特性。衰减系数也称降解系数,非保守污染物可用恒定的衰减常数描述。

扩散系数是率定参数,根据经验确定,模型的扩散系数值 D 通过以下公式计算:

$$D = aV^b \qquad (2-17)$$

式中:V 是流速,来自 HD 计算结果;a 和 b 是系数,分别在扩散系数界面的第一行和第二行输入;第三行和第四行是最小和最大扩散系数值,如果根据上面公式计算出来的值超出此范围,则取最大或最小值。经验扩散系数如下:对于小溪 D 通常为 $1—5\ m^2/s$;河流 D 通常为 $5—20\ m^2/s$。一般说来,流速越大,扩散系数越大。

第 3 章
基于河库连通的山丘型城市引调水实践

3.1 基于生态调水需求的沂源县河库连通评价

3.1.1 水系连通需求分析

1. 水系特点及问题分析

山东省淄博市沂源县是典型的山丘区,适用于本次研究。沂源县城区范围内人口众多,工农业集中,水系现状存在较多问题,对水生态建设和防洪安全的要求高。因此本次研究范围为山东省淄博市沂源县城区,总面积 98.62 km², 建设用地面积 34.83 km², 研究区概况见图 3-1。

1) 山区特性

山丘区丘陵、山地众多,地势高差大。境内河流纵横,多具有典型的山区河流特征,河流以侵蚀作用为主。场区总体地势是四周高、中间低;区内河流多从四周向场区中部(山间剥蚀平原区)汇流。河道发源于山谷,横断面一般呈"U"或"V"字形,河滩不发育。上游段水流急,冲刷剧烈,易形成山洪灾害;中下游段水流相对平缓,但泥沙含量高,易造成河道淤积,不利于河道行洪。

2) 水资源特性

(1) 沂源县无客水资源,水资源总量相对不足

沂源县是沂河的发源地,地表水资源全部来自大气降水,没有客水来源,属雨源性河流,水系的循环在输入端存在较大的依赖性,2012 年人均水资源量 820.5 m³,高于淄博市其他县区,但小于维持一个地区经济社会发展所必需的 1 000 m³ 的临界值。

(2) 水资源地区分布相对均匀

降水量等值线与地形等高线的走向大致相同,多年平均降水量总分布趋势是自东南向西北递减。沂源县径流深的地区变化,除鲁山附近,总体趋势

图 3-1 研究区概况

由东南向西北减少。地下水受大气降水、开采和潜水蒸发影响，水位动态变化比较稳定。

(3) 水资源年际、年内变化大，给开发利用带来难度

丰枯水期水量相差较大，降水量主要集中在汛期，6—9 月的降水量占全年的 75.4%，枯水期除三河、二渠外，其余多数河道(约 21 km)接近干涸。

3) 河网特性

山丘区的特性决定了河网的特性，沂源县境内沟壑纵横，河流发育，有大小河流 1530 条，支流较多且分布广泛，支流从山间流出，经过层层汇聚，最终汇入干流。主、支流以及支流与支流间呈锐角相交，排列如树枝状，构成树状河网。

4) 水问题分析

(1) 河道生态流量无法保障

沂源县水生态最主要问题为枯水期河道断流现象普遍，除沂河干流、城区段集镇段河道外，其他河道生态流量大多无法保障，河床裸露，生物栖息地

破坏,缺少必要的景观水面,河道生态景观环境差。原因为:①季节性河流特征明显,降雨径流分配严重不均。沂源县降水年际变化明显,区域分布不均,连丰连枯现象明显;年内降水量分配极不均匀,降雨多集中在汛期6—9月,汛期多年平均降水量占全年降水量的74.5%,且多集中于7—8月,极易引起洪涝灾害,而春秋两季时常出现干旱缺水威胁。②现有水利工程调蓄规模较小,已建成蓄水工程总库容23 387万 m³,其中,大型水库13 057万 m³,中型水库1 151万 m³,小型水库7 981万 m³,塘坝1 198万 m³,全县多年平均弃洪量超1亿 m³。汛期的大量洪水未得到充分储蓄,弃水量大,造成沂源县水资源利用率低,枯季用水难以得到保障,生态用水供需矛盾突出。③土地、矿产、林木资源开发等人类活动加速了自然环境的演变,使得水源无法得到有效涵养,地下水过度开采等不合理的水资源利用方式影响了水文的自然循环和相互补给,进一步加剧了生态水量问题,见图3-2。

图3-2 河道生态流量无法保障

(2) 水体污染,河道环境亟需改善

沂源城区水系受人类活动影响明显,河道周边多为农田、居民区或工厂等,生活污染、农业污染和工业污染直接或间接排入河道,影响河道水质,造成水环境污染。部分水功能区的入河污染物总量超过河道自身的纳污能力,存在化学需氧量(COD)、氨氮、总磷(TP)浓度超标问题,部分河段水质不达标。

沂源县共划定6个水功能区,共6个监测断面,沂源县河道水质、水功能区及监测断面信息见图 3-3。

图 3-3　沂源县河道水质、水功能区及监测断面信息

根据淄博市水资源管理办公室提供的 2012—2017 年水功能区监测资料，可得沂源县河道水质以 Ⅱ、Ⅲ、Ⅳ 类为主。2012—2017 年沂源县水功能区监测断面各类水质占比见图 3-4。

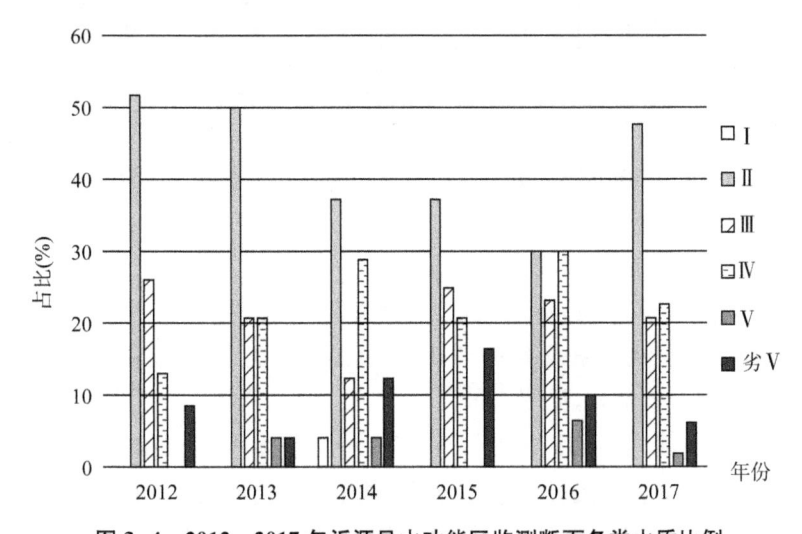

图 3-4　2012—2017 年沂源县水功能区监测断面各类水质比例

根据沂源县 2012—2017 年水功能区监测资料进行水功能区水质达标评价,近 6 年沂源县水功能区水质达标情况见图 3-5。

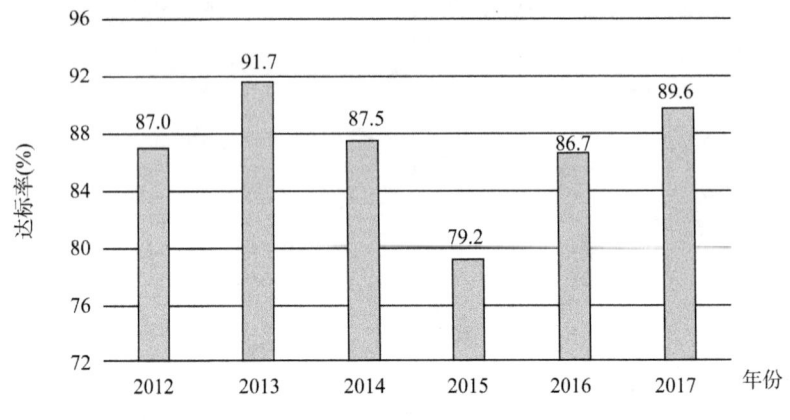

图 3-5　2012—2017 年沂源县水功能区水质达标率

由图 3-5 可得,沂源县 2012—2017 年水功能区达标率在 87% 左右,最高为 2013 年,水功能区达标率为 91.7%,最低为 2015 年,水功能区达标率为 79.2%。

2016 年沂源县水功能区全年水质达标率为 86.7%,按监测月水质达标情况见表 3-1。

表 3-1　2016 年监测月份沂源县水功能区水质达标情况

月份	3月	5月	7月	8月	11月	全年
达标率(%)	83.3	83.3	83.3	100.0	83.3	86.7

2016 年 8 月沂源县水功能区全部达标,3、5、7、11 月均有一个水功能区不达标,且不达标水功能区多为沂河沂源景观用水区。其中沂河沂源景观用水区水质超标倍数为 0.735。

(3) 过度开采地下水,地下水水位偏低

沂源县历经多期构造运动,断层十分发育,依据沂源县水文地质条件,结合本地地形、地貌及水系发育特点,将沂源县划分为三岔、土门、鲁村、南麻、东里五个水文地质单元,见图 3-6。

全县 2016 年供水总量为 8 902 万 m³,主要供水来源是地下水,占 63.8%,部分单位和居民护水意识不强,地下水无序开采,利用量偏大,造成地下水水位逐年下降。2016 年沂源县供水结构情况见表 3-2。

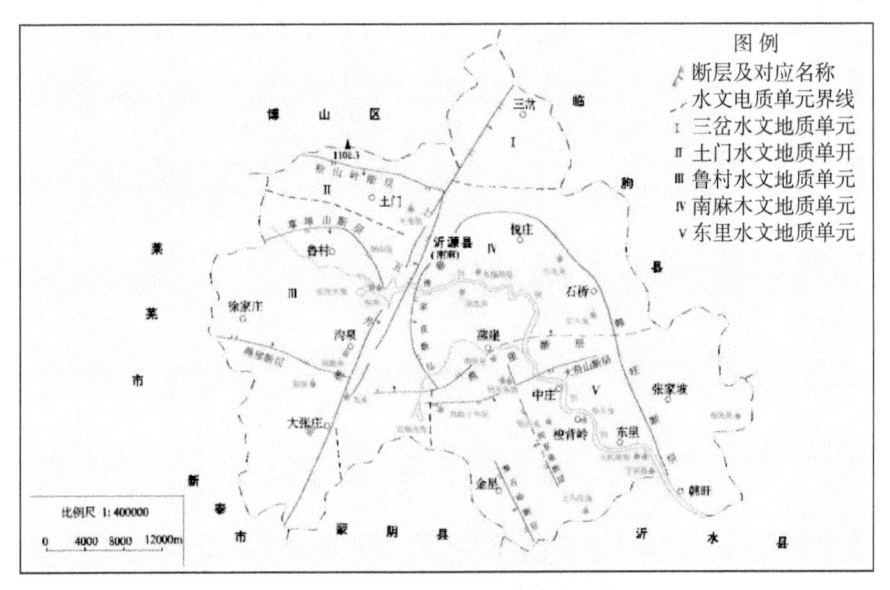

图 3-6 沂源县水文地质单元分区图

表 3-2　2016 年沂源县供水结构情况　　　　　　（单位:万 m³）

地表水源供水量			地下水源供水量		合计
蓄水	引水	提水	浅层水	深层承压水	
2 420	125	676	1 560	4 121	
3 221			5 681		8 902

为研究全县的地下水水位动态变化情况,提取沂源县 11 处地下水水位监测站点现有监测数据,对 2016 年 1 月至 12 月一个水文年的全县地下水水位动态变化进行分析。

由于自然及人类活动等因素的影响,地下水呈现动态变化的状态。2016 年间,全县地下水平均水位约为 302.73 m,最低值出现在 5 月份,地下水水位约为 299 m,最高水位出现在 8 月,地下水水位约为 305 m,水位高低差为 5.66 m。1—5 月地下水水位呈下降趋势,6—8 月地下水水位急剧回升,9—12 月又逐月下降。主要原因为沂源县降雨多集中在 6—8 月,降雨补给地下水使得浅层地下水水位在雨季急剧上升,水位抬升约 5—6 m,见图 3-7。

(4) 河道问题突出,存在防洪风险

山丘型地区河网发育多呈树状结构,各条河道之间缺少连通,不利于河网整体的稳定性和抵抗风险的能力。随着社会经济的发展,以及河流综合整

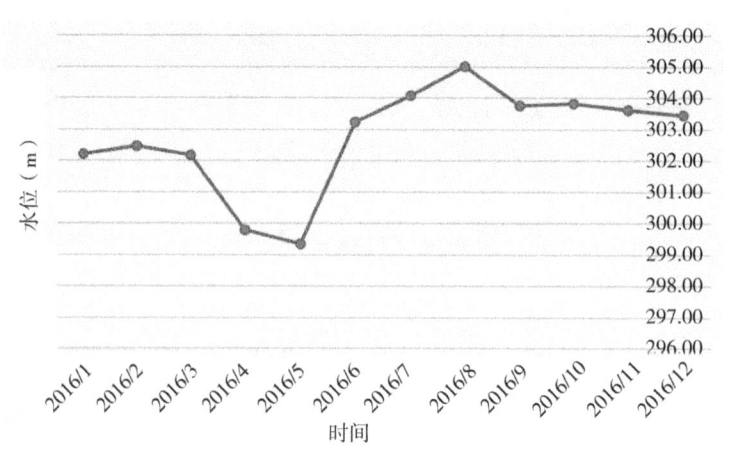

图 3-7　沂源县地下水动态水位变化图

治工程的实施,沂源县水系河道断面及水利工程发生了显著改变。河道特征、下垫面条件以及工程特性的变化对河道的调蓄性能产生了影响,致使河道的防洪排涝能力减弱,蓄水能力下降,水系的安全性下降,对人民的生命和财产安全造成威胁。

①沂河

近年来,随着经济社会的快速发展,沂河干流沿途村庄侵占河道,采砂、设障、缩河造地现象增多,人为缩小了河道行洪断面,部分河段的滩地也被种植了林木、农作物,严重阻碍了河道正常行洪。沂河属于山溪性河流,山高坡陡,降雨后,由于水位暴涨暴落,洪水挟带泥沙较多,本就容易造成河床淤积。在这种自然条件下,沿河两岸向河中倾倒垃圾,加速了河道淤积程度。同时,近年建筑行业对河沙资源需求量的不断增加,使中下游主干河段内挖砂严重,河床深度、宽度不规则,行洪水流变化较大。由于采砂,河底下切较严重。地下水大量渗出,沿河地下水位下降,生态环境遭到破坏,河道自养能力降低,农村河道两岸缺乏生态美化修复工程。

②螳螂河

螳螂河河道两岸主要为自然河堤,树木茂密,沿途村庄侵占河道,违法开采、设障、缩河造地现象增多,人为缩小了河道行洪断面,部分河段的滩地被围垦,严重阻碍了河道正常行洪。同时,沿河两岸倾倒建筑生活垃圾,间接造成了河道淤积。另外,河道部分河段筑有河堤,主河槽有浆砌石岸墙,但岸墙失修破损严重,大部分堤防不够高,不能满足设计洪水要求。一旦发生洪水,将威胁河道两岸群众生命财产安全。

③儒林河

该河支流较多，两岸主要为自然河堤，树木茂密，沿途村庄不断侵占河道，违法开采、设障、缩河造地现象增多，河道行洪断面缩小，部分河段滩地也被种植了果树、庄稼等，严重阻碍了河道正常行洪。对现状河道进行过流能力复核发现，大部分河段河道行洪能力不足。河道一侧有道路，局部河段有浆砌石岸墙，部分破损。河道本身易淤积，同时沿岸倾倒建筑生活垃圾，加速了河道淤积。

④饮马河

该河两岸多为自然河堤，河道一侧有道路，部分河段有砌石挡墙，河道内建有多级简易蓄水设施，沿途村庄不断侵占河道，人为缩小了河道行洪断面，严重阻碍了河道正常行洪。通过对现状河道进行过流能力复核，大部分河段河道行洪能力不足。河道淤积严重，同时沿河两岸倾倒建筑生活垃圾，间接造成了河道淤积。

2. 河库连通需求分析

基于沂源县山丘型水系的特性，必须加强水系的沟通和结构调整，使水系能够最大程度地发挥调蓄作用，减少过境水的浪费，同时避免丰水期可能造成的洪水风险隐患，使有限的水资源能够存蓄在河网中，保障河道的生态基础流量，建设水清水美的生态水系。

1）城区水生态保护目标

（1）合理确定生态流量，为河道提供生态需水量，为地下水的涵养提供保障。

（2）针对枯水期上游来水不足的特殊时期，进行可用水资源联合调度保障河道生态流量，提供河流水质达标的基础流量。

（3）进行水系结构和连通性调整，并针对生态流量满足、防洪安全保障情况进行水系结构和连通性评价。

2）城市发展的水系需求

随着城市发展，城市人口增加，城区范围扩大，城市用水量增加；加上工农业的发展以及市民生活所造成的污染，导致河道水环境问题严峻、水生态恶化，人民群众对水资源、水环境、防洪、生态及景观的需求日益提高。

（1）水资源

积极践行可持续发展的治水思路，以提高用水效率为核心，合理配置多种水源，满足沂源县城区人口、资源、环境与经济协调发展对水资源在时间、空间、数量和质量上的要求，实现水资源供需平衡和生态系统平衡。要求城区水系能够存蓄丰水期来水,涵养地下水,改善枯水季水量不足的现状。

(2) 水环境保护

随着沂源县城市发展,要求水功能区水质全部达标。一方面要求城区污水接管率提高、入河污染物减少,另一方面也要通过水系连通、水量调度等方式保证河网的生态流量进行纳污。

(3) 水生态景观文化

沂源县大力实施山水林田湖生态红线保护工程,逐步开展水土保持工程、小流域治理工程、中小河流整治等重点项目建设,大大改善了水生态状况,但仍存在部分河段断流、水质恶化等问题。要想将沂源保护、建设成为绿水青山的家园,把河流修复成一条条自然健康的生态廊道、美观秀丽的风景线、绿色发展的高地,打造"清水润城、鸟语花香、鸢飞鱼跃、流连忘返"的美丽沂源,必须进行水系连通,进行跨区域调水,保障河道生态流量,见图3-8。

图3-8 沂源县水生态愿景

(4) 防洪安全

目前沂源县沂河干流及主要支流部分河段未达到设计标准,防洪标准偏低。现状工程条件下,部分河道两岸无堤防保护,区域防洪能力亟待提高。中心城区堤防未修建完善,抵抗洪水风险能力低。螳螂河、儒林河、饮马河上游山区坡降陡,易形成山洪灾害,需进行水系连通以转移部分洪峰水量,缓解中心城区防洪压力。

3.1.2 沂源城区水系生态流量计算

1. 生态流量计算方法选取

1) 方法总结

目前,全球有超过 200 种生态流量的确定方法,分为 5 类:水文学法、水力学法、生境模拟法、整体分析法和其他方法[109]。

5 类计算方法中,水文学方法的优点是可以利用水文历史数据,不需要进行现场测量,简单方便,缺点是未考虑河流生物、生态功能的需求,对河流实际情况作了较为简化的处理,因此,一般作为其他方法的粗略检验,或应用于等级不高的河段;水力学方法适用于宽浅及浅滩式河道,对河道的断面、水深、河宽、流速等水力参数资料要求较高,目前应用和研究不多;生境模拟法主要考虑目标生物对河流水文生态的需求,重点考虑鱼类产卵时期的要求,目标较为单一不全面,通常情况下难以反映河流生态系统的总体水平;整体分析法将河流生态系统看作一个整体,能够综合考虑各种水文水力要素,可以满足河道的多种功能需求,但由于对河道的资料要求较高,在实际应用中需要花费大量的时间精力进行测量,给其广泛应用带来了一定困难;其他方法灵活度高,可根据研究区的需求自行选择合适的方法[14]。

2) 研究区方法选择

研究区内现有沂河东里站的水文历史资料,可以利用水文学方法进行计算;研究区内河道不属于宽浅及浅滩式河道,故不选用水力学方法;本次的研究目标并非主要考虑鱼类的生存,因此也不适用于生境模拟法;由于研究区缺乏详尽的河流生境等资料,整体分析法的运用有较大困难。且针对研究区的水质现状,考虑将监测断面的水质达标作为生态流量计算的重要目标。

基于以上原因,故选择一种基于水质水量综合模拟的生态流量综合计算方法。在计算时首先参照水文学方法确定标准,根据历史流量数据求出河段的生态流量,将该计算结果作为重要的参照,为水量水质综合模拟计算提供参考。对于螳螂河、儒林河、饮马河 3 条沂河的支流,由于缺乏历史流量资料且河道优先度不高,根据实测流量,利用水文比拟法合理推求。此外,由于城区水系人类活动频繁,第一、第二、第三产业产生的污染物排入河道,造成水体污染物严重超标,其中 COD、氨氮和总磷是主要的污染因子。因此,在沂源县城区水系范围内应重点考虑水质自净的流量要求,计算生态需水量,以 COD、氨氮和总磷达标为目标,计算出相应河道内生态需水量及生态流量。在充分考虑河网的多功能性的基础上,对多种方法计算出的流量加以校核、修正,并结合实际情况提出最后的适宜生态流量。

我国河湖水系众多,水资源禀赋具有空间异质性,运用不同水文学方法计算出来的生态流量结果差异很大。因此,明确水文学方法的适用条件,对我国水生态系统修复至关重要。常用的水文学方法主要有 5 种:Tennant 法、$Q90\_Q50$ 法、Lyon 法、Tessman 法和月流量变动法。五种方法中,Tennant 法使用范围最广,且针对不同国家不同地区可以适当调整生态流量所占比例;$Q90\_Q50$ 需水量最大,保证率最低,还会出现生态流量大于个别天然月均流量的状况,计算结果不适用于季节性河流;在水文节律模拟方面,Tessman 法、月流量变动法和 Lyon 法对天然水文节律模拟效果最好。综合考虑需水量、水文节律演替两方面因素,Lyon 法适宜计算季节性河流的生态流量[17]。因此,本次研究选择 Tennant 法和 Lyon 法分别计算河道的生态流量。

2. 水文学方法计算

结合沂源县城区问题现状及需求,确定本次研究的生态流量的内涵包括以下几个方面:

①保持天然河道自然形态结构的完整性及其正常的演化过程的生态流量。正常的河道需要一定的流量维持河道的基本横断面、纵断面保持完整,若低于这个流量,河道将在演化过程中逐渐衰退甚至消失。

②维持水生生物的自然发育、栖息与繁衍的生态流量。河道中的水生生物需要一定的生态流量,以维持自身的生长和繁衍,水生植物需要生长的水量,鱼类需要一定的水量进行产卵、栖息等活动。

③维持大气水、地表水与地下水三者之间水量转换的流量。河流是自然界的水循环的重要一环,需要保证蒸发、下渗等水循环过程的水量。

④维持河流自净能力的最小流量。城区河段由于受人类影响较大,污染物排放到河流水体中引起水质变化。河流本身有一定的自净能力,因此需保证一定的水量维持河流自净功能。

1) Tennant 法

Tennant 法通常选择 10% 的年平均流量作为河道生态系统提供的最小的栖息地条件。对于比较大的河流,当河道流量在 5%—10% 之间仍然能够维持一定的河宽、水深和流速,可以满足生境维持、河道演化等一般要求[110]。

鉴于研究区域内河流季节性明显,部分支流经常出现断流或干涸的状况,拟根据 Tennant 给出的标准,采用河道内多年平均流量的 10% 作为保持河道完整、维持大多数水生生物短时间生存的最小生态流量。

计算所需的水文数据选用水文年鉴中记录的沂河东里站实测流量数据。

螳螂河、儒林河、饮马河由于缺乏实测流量数据,采用水文比拟法进行推求。计算结果见表3-3。

表3-3　Tennant法计算生态流量　　　　　　(单位:m³/s)

河道	1月	2月	3月	4月	5月	6月	7月	8月	9月	10月	11月	12月
沂河	0.27	0.23	0.20	0.31	0.39	0.68	3.60	3.01	1.68	0.59	0.43	0.38
螳螂河	0.10	0.08	0.07	0.11	0.14	0.24	1.26	1.05	0.59	0.21	0.15	0.13
儒林河	0.08	0.07	0.06	0.09	0.12	0.20	1.08	0.90	0.50	0.18	0.13	0.11
饮马河	0.07	0.06	0.05	0.08	0.10	0.17	0.90	0.75	0.42	0.15	0.11	0.09

2) Lyon法

Lyon法是美国得克萨斯州基于水文频率变动和生态需求开发的方法,Lyon法的计算尺度为月尺度,将年内流量划分成丰水和枯水两个水期,在数据长度需求方面,要求计算基准为20年以上,数据类型为天然流量数据[17]。

Lyon法将全年分成枯水月份和丰水月份,月均流量低于年均流量为枯水月份,反之则为丰水月份。对于枯水月份,以月中值流量的0.4倍作为生态流量;对于丰水月份,以月中值流量的0.5倍作为生态流量。计算结果见表3-4。

表3-4　Lyon法计算生态流量　　　　　　(单位:m³/s)

河道	1月	2月	3月	4月	5月	6月	7月	8月	9月	10月	11月	12月
沂河	1.19	1.07	0.94	1.66	2.44	9.69	159.23	87.14	40.20	2.77	1.76	1.44
螳螂河	0.42	0.38	0.33	0.58	0.86	3.39	55.73	30.50	14.07	0.97	0.61	0.50
儒林河	0.36	0.32	0.28	0.50	0.73	2.91	47.77	26.14	12.06	0.83	0.53	0.43
饮马河	0.30	0.27	0.23	0.41	0.61	2.42	39.81	21.79	10.05	0.69	0.44	0.36

3. 水量水质综合模拟法计算生态流量

1) 污染物入河量计算

(1) 资料情况

①工业污染源

根据2016年环境污染统计资料,研究区内共有19家重点排污工业企业,所有企业工业废水接入第一、第二污水处理厂或通过企业自备处理设施处理后排放,具体情况见表3-5。

表 3-5　沂源县重点排污工业企业信息一览表

序号	填报单位详细名称	详细地址	工业废水排放量（t/a）	污染物排放量（t/a） COD	氨氮	污水排向
1	山东丰泽源皮革有限公司	经济开发区儒林路南首	318 600	14.97	3.05	污水处理厂
2	山东省药用玻璃股份有限公司	南麻街道药玻路1号	60 000	2.82	0.57	污水处理厂
3	瑞阳制药股份有限公司	瑞阳路1号	1 450 000	68.15	15.23	污水处理厂
4	沂源海达食品有限公司	鲁村镇泰薛路8号	17 000	0.85	0.085	处理后排放
5	沂源县源能热电有限公司	南麻街道荆山路143号	86 000	4.04	0.82	污水处理厂
6	山东瑞丰高分子材料股份有限公司	经济开发区	11 000	0.52	0.105	污水处理厂
7	山东华联矿业股份有限公司	东里镇马家沟村	50 000	2.5	0.25	处理后排放
8	淄博丑牛特种纤维科技有限公司	悦庄镇张良村	9 000	0.44	0.045	处理后排放
9	山东鲁阳节能材料股份有限公司	沂河路11号	6 000	0.28	0.06	污水处理厂
10	山东绿兰莎啤酒有限公司	历山路10号	460 000	21.62	4.406	污水处理厂
11	淄博卓意玻纤材料有限公司	荆山路270号	200 000	9.4	1.92	污水处理厂
12	山东新明食品饮料有限公司	东里镇	108 000	5.4	0.54	处理后排放
13	山东鑫泉医药有限公司	经济开发区	60 000	2.82	0.57	污水处理厂
14	合力泰科技股份有限公司	东风路36号	1 430 000	67.21	15.02	污水处理厂
15	山东沃源新型面料股份有限公司	沿河东路78号	1 280 000	122.3	17.38	污水处理厂
16	山东飞龙食品有限公司	悦庄镇崔家庄村	3 000	0.15	0.009	处理后排放
17	淄博华联金属制品有限公司	南麻街道沂河路8号	13 000	0.65	0.065	处理后排放
18	沂源县盛达鸭业有限公司	石桥镇马庄村	17 894	1.78	0.27	处理后排放
19	山东世拓高分子材料股份有限公司	经济开发区	4 000.9	0.188	0.038	污水处理厂
合计			5 583 495	326.1	60.43	

②城镇及农村生活源

沂源县城镇人口包括户籍人口和外来人口，根据沂源县统计局《沂源统计年鉴》,得到2016年沂源县年末常住人口为57.2万人(常住人口＝城镇人口＋农村人口),其中城镇人口21.1万人,农村人口36.1万人。2016年沂源县各镇(街道)人口分布见表3-6。

表3-6　沂源县各镇(街道)人口分布　　　　　　　(单位:人)

序号	镇(街道)	城镇人口	农村人口	常住人口
1	历山街道办事处	96 216	6 449	102 665
2	南麻街道办事处	46 453	20 481	66 934
3	悦庄镇	9 879	46 617	56 496
4	南鲁山镇	7 498	28 858	36 356
	合计	160 046	102 405	262 451

③农田面源及养殖业

农田面源及养殖业数据来源于2017年《沂源统计年鉴》耕地面积及养殖数据。2016年沂源县各镇(街道)种植业分布情况及畜禽养殖情况见表3-7及表3-8。

表3-7　沂源县各镇(街道)种植业分布情况　　　　　　(单位:亩)

序号	镇(街道)	农作物	果园					蔬菜	合计
			苹果	梨	葡萄	桃	猕猴桃		
1	历山街道办事处	6 789	373	0	0	7	0	1 520	8 689
2	南麻街道办事处	23 547	12 525	267	3 919	4 124	28	5 976	50 386
3	悦庄镇	100 125	11 467	289	9 173	9 710	31	42 520	173 315
4	南鲁山镇	25 699	3 985	100	1 320	5 620	12	3 762	40 498
	合计	156 160	28 350	656	14 412	19 461	71	53 778	272 888

表3-8　沂源县各镇(街道)畜禽养殖情况　　　　　　(单位:头)

序号	镇(街道)	生猪		牛		羊		活家禽(鸡、鸭、鹅、家兔、其他)	
		存栏数	出栏数	存栏数	出栏数	存栏数	出栏数	存栏数	出栏数
1	历山街道办事处	2 230	4 214	108	162	241	291	21 240	77 960
2	南麻街道办事处	3 002	5 701	390	585	28 300	34 500	215 517	823 120
3	悦庄镇	8 120	15 420	120	302	29 220	32 560	305 200	1 140 651
4	南鲁山镇	4 261	8 055	215	322	28 675	32 674	85 250	325 300
	合计	17 613	33 390	833	1 371	86 436	100 025	627 207	2 367 031

④污水处理厂(站)

根据沂源县水务发展有限公司提供的污水处理厂相关资料得到沂源县城区污水处理厂日处理能力、污染物排放量等相关资料。截至2016年,沂源县共建成2座污水处理厂(沂源县第一污水处理厂、沂源县第二污水处理厂);全县共建有农村连片整治污水处理站点57个,分布于全县10个镇,其中建成普通地埋式污水处理设施34处、HaWaT污水处理设施1处、OWT污水处理设施20处,人工湿地处理设施1处,畜禽养殖污水处理设施1处,年可处理污水186万吨(其中生活污水177万吨、畜禽养殖污水9万吨)。2016年全市污水日处理总能力达到8.5039万t/d(其中第一污水处理厂约4万t/d,第二污水处理厂约4万t/d),实际污水处理量为4.9123万t/d(其中第一污水处理厂约1.5万t/d、第二污水处理厂约3万t/d)。污水处理厂具体情况见表3-9,污水处理厂位置见图3-9。

表3-9 沂源县污水处理厂情况

序号	厂名	位置	设计处理能力(万t/d)	处理工艺	出水水质	尾水排放去向
1	第一污水处理厂	中儒林村	4	改良型A2/O生化池+混凝沉淀过滤	一级A标准	沂河
2	第二污水处理厂	沂河头村	4	A2/O生化池+混凝沉淀过滤	一级A标准	沂河

图3-9 污水处理厂位置

(2) 计算方法

①入河量计算方法

a. 工业污染物入河量

$$W_\text{工} = (W_\text{工P} + \theta_1) \times \beta_1 \tag{3-1}$$

式中：$W_\text{工}$为工业污染物入河量；$W_\text{工P}$为工业污染物排入河道内量；β_1为工业污染物入河系数（取值为 0.85—0.97）；θ_1为污水处理厂排放的工业污染物部分的量。

b. 农村生活污染物入河量

$$W_\text{生1} = W_\text{生1P} \times \beta_2 \tag{3-2}$$

式中：$W_\text{生1}$为农村生活污染物入河量；$W_\text{生1P}$为农村生活污染物排放量；β_2为农村生活污染物入河系数（取值为 0.1—0.2）。

$$W_\text{生1P} = N_\text{农} \times \alpha_1 \tag{3-3}$$

式中：$N_\text{农}$为农村人口数；α_1为农村生活排污系数。

c. 城市生活污染物入河量

$$W_\text{生2} = (W_\text{生2P} + \theta_2) \times \beta_3 \tag{3-4}$$

式中：$W_\text{生2}$为城市生活污染物入河量；$W_\text{生2P}$为城市生活污染物排入河道内量；β_3为城市生活污染物入河系数（取值 0.75—0.95）；θ_2为污水处理厂排放的城市生活污染物部分的量。

$$W_\text{生2P} = N_\text{城} \times \alpha_2 \tag{3-5}$$

式中：$N_\text{城}$为城市人口数（未接入城市污水管网的部分）；α_2为城市生活排污系数。

d. 农田污染物入河量

$$W_\text{农} = W_\text{农P} \times \beta_4 \times \gamma_1 \tag{3-6}$$

式中：$W_\text{农}$为农田污染物入河量；$W_\text{农P}$为农田污染物排放量；β_4为农田污染物入河系数（取值为 0.1—0.3）；γ_1为修正系数，取 1.2—1.5。

$$W_\text{农P} = M \times \alpha_3 \tag{3-7}$$

式中：M为耕地面积；α_3为农田排污系数。

e. 畜禽养殖污染物入河量

$$W_{畜禽} = W_{畜禽P} \times \beta_5 \quad (3-8)$$

式中：$W_{畜禽}$ 为畜禽养殖污染物入河量；$W_{畜禽P}$ 为畜禽养殖污染物排放量；β_5 为畜禽养殖污染物入河系数（COD 取 0.5—0.8；氨氮（NH_3-N）取 0.5—0.8）。

$$W_{畜禽P} = N_{畜禽} \times \alpha_4 \quad (3-9)$$

式中：$N_{畜禽}$ 为折换成猪后的养殖头数；α_4 为畜禽排污系数。

各类污染源排污系数、入河系数见表3-10、表3-11。

表3-10　各类污染源排污系数表

城市生活排污系数 (g/人·日)			农村生活排污系数 (g/人·日)			农田排污系数 (kg/亩·年)			畜禽（折算成猪）养殖排污系数(g/头·天)		
COD	NH_3-N	TP	COD	NH_3-N	TP	COD	NH_3-N	TP	COD	NH_3-N	TP
60—100	4—8	0.9—1.2	40	4	0.44	10	2	0.5	17.9	3.6	0.75

表3-11　各类污染源入河系数表

工业			城市生活			农村生活			农田			畜禽养殖		
COD	NH_3-N	TP	COD	NH_3-N	TP	COD	NH_3-N	TP	COD	NH_3-N	TP
0.8—1	0.8—1	0.8—1	0.6—0.9	0.6—0.9	0.6—0.9	0.1—0.2	0.1—0.2	0.1—0.2	0.1—0.3	0.1—0.3	0.1—0.3	0.5—0.8	0.5—0.8	0.5—0.8

(3) 污染物入河量计算

研究区内根据实际走访和统计资料，共统计工业、城市生活、农村生活、种植业、畜禽养殖五类污染源，采用3类指标进行量化，分别为COD、氨氮、TP。

对研究区内4个镇（街道）分别进行入河量计算，各镇（街道）及行业污染物入河量情况见表3-12至表3-14。

表3-12　研究区内各乡镇（街道）及行业COD入河量计算结果　（单位：t/a）

序号	镇（街道）	城市生活	工业	农村生活	畜禽养殖	农田种植	合计
1	历山街道办事处	125.8	157.8	9.3	2.5	15.8	311.2
2	南麻街道办事处	61.4	7.2	29.5	34.3	143.2	275.6
3	悦庄镇	16.0	172.2	68.6	31.3	338.4	626.5
4	南鲁山镇	9.9	0.0	41.6	40.5	115.1	207.1
	合计	213.1	337.2	149.0	108.6	612.5	1 420.4

表 3-13　研究区内各乡镇(街道)及行业氨氮入河量计算结果　（单位：t/a）

序号	镇(街道)	城市生活	工业	农村生活	畜禽养殖	农田种植	合计
1	历山街道办事处	26.6	4.3	0.9	0.7	2.3	34.8
2	南麻街道办事处	13.0	0.5	2.9	6.5	22.6	45.5
3	悦庄镇	3.4	4.6	6.9	13.9	46.1	74.9
4	南鲁山镇	2.1	0.0	4.2	7.4	18.2	31.9
	合计	45.1	9.4	14.9	28.5	89.2	187.1

表 3-14　研究区内各乡镇(街道)及行业 TP 入河量计算结果　（单位：t/a）

序号	镇(街道)	城市生活	工业	农村生活	畜禽养殖	农田种植	合计
1	历山街道办事处	5.7	1.1	0.1	0.1	0.6	7.6
2	南麻街道办事处	2.8	0.0	0.4	1.5	5.0	9.7
3	悦庄镇	0.7	1.1	1.0	1.5	12.1	16.4
4	南鲁山镇	0.5	0.0	0.6	1.7	4.0	6.8
	合计	9.7	2.2	2.1	4.8	21.7	40.5

根据各条河道的汇水流域,将污染物分别划入各条河道进行计算,得到的结果见表 3-15。

表 3-15　研究区内各条河道污染物入河量计算结果　（单位：t/a）

河道	COD	氨氮	总磷
螳螂河	311.2	34.8	7.6
儒林河	275.6	45.5	9.7
饮马河	626.5	74.9	16.4
沂河	207.1	31.9	6.8

2) 生态需水量计算

(1) 纳污能力概念及计算方法

水体纳污能力是指在设计流量条件下,满足水功能区水质目标要求和水体自然净化能力,核定的水体污染物最大允许负荷量。水体在规定的环境目标下能容纳的污染物的最大负荷即为纳污能力,其影响因素包括水功能区范围的大小、水环境要素的特性和水体净化能力、污染物的理化性质等[111]。

按照《水域纳污能力计算规程》(GB/T 25173—2010),季节性河流宜采用近十年最枯月(非零)平均流量作为设计水量,采用设计流量来计算纳污能

043

力。沂河采用沂源东里站的近十年流量，螳螂河、儒林河、饮马河利用水文比拟法进行推求。计算得沂河设计流量为 0.71 m³/s，螳螂河、儒林河、饮马河的设计流量分别为 0.24 m³/s、0.18 m³/s、0.22 m³/s

纳污能力的计算公式为：

$$W = Q_0(C_S - C_0) + KVC_S \tag{3-10}$$

式中：Q_0、C_0 分别为进口断面的入流流量和水质浓度；C_S 为该水体的水质标准；V 为水体体积；K 为水质降解系数。

本次研究区主要水体的 COD、NH_3-N、TP 降解系数分别为 0.08 d^{-1}、0.005 d^{-1}、0.001 d^{-1}。

(2) 纳污能力计算结果

纳污能力计算因子为化学需氧量(COD)、氨氮(NH_3-N)、总磷(TP)三项，各条河道纳污能力计算结果见表 3-16。

表 3-16　研究区内各条河道纳污能力计算结果表　　　　（单位：t/a）

序号	河道	COD	氨氮	总磷
1	螳螂河	366.2	31.4	12.5
2	儒林河	591.1	58.6	18.8
3	饮马河	630.8	74.9	21.3
4	沂河	749.2	73.3	21.3

对于现状入河量大于控制排放量的区域需要进行削减。将各条河道污染物入河量与纳污能力进行对比，确定沂源县各乡镇（街道）入河污染物削减量。现状污染物削减量主要为氨氮，削减 3.4 t，具体信息见表 3-17。

表 3-17　沂源县各条河道削减量计算结果　　　　（单位：t/a）

河道	入河量			纳污能力			削减量		
	COD	氨氮	总磷	COD	氨氮	总磷	COD	氨氮	总磷
螳螂河	311.2	34.8	7.6	366.2	31.4	12.5	—	3.4	—
儒林河	275.6	45.5	9.7	591.1	58.6	18.8	—	—	—
饮马河	626.5	74.9	16.4	630.8	74.9	21.3	—	—	—
沂河	207.1	31.9	6.8	749.2	73.3	21.3	—	—	—

(3) 河道内生态需水量计算

由于工农业的快速发展，沂源县城区河段水质较差，水体污染物严重超标，其中氨氮是主要的污染因子。为保证沂河城区段的可持续发展，河道内环境需水预测以 COD、NH_3-N、TP 作为水质控制因子。根据水体纳污能力及水功能要求,确定河道内生态需水量。

采用水量平衡法,公式如下:

$$W_Z = Q_{蒸发} + G + W_0 \tag{3-11}$$

式中:W_Z 为生态环境需水量;$Q_{蒸发}$ 为水面蒸发需水量,m^3;G 为土壤渗漏需水量,m^3;W_0 为生态换水量,m^3。

①生态换水量计算

考虑水体纳污能力、水质目标维护等,计算水体的生态换水量:

$$W_0 = \frac{365}{T} \times V \tag{3-12}$$

式中:W_0 为生态换水量;V 为常年平均蓄水量,m^3;T 为平均换水周期,d。

$$T = 365 \times \frac{M}{C_0 \times Q_{in} + E_w} \tag{3-13}$$

式中:M 为水体纳污容量,t/a(分别考虑 COD、NH_3-N、TP);C_0 为进水污染物浓度,mg/L;Q_{in} 为进水流量,m^3/s;E_w 为其他内外源污染物,t/a(估算)。

利用换水周期计算公式,计算出研究区内各条河道的换水周期,见表 3-18。

表 3-18 各条河道换水周期 (单位:d)

序号	河道	COD	氨氮	TP
1	螳螂河	430	256	600
2	儒林河	783	129	700
3	饮马河	368	148	474
4	沂河	1 321	176	1 143

利用换水量计算公式,计算出研究区内各条河道的换水量,见表 3-19。

表 3-19 各条河道生态换水量 (单位:万 m^3)

序号	河道	COD	氨氮	TP
1	螳螂河	118.05	197.88	84.51
2	儒林河	40.55	245.86	45.35
3	饮马河	107.26	266.47	83.15
4	沂河	186.50	1 397.89	215.49

②蒸发量计算

$$Q_{蒸发}=K_i\times A\times q_i \quad (3-14)$$

式中：K_i 为设计系数，取 1.2；A 为水面面积，m^2；q 为平均蒸发量，取 5.5 $mm/(m^2 \cdot d)$。

计算结果见表 3-20。

表 3-20　各条河道全年蒸发量

序号	河道	设计系数	水面面积（万 m^2）	平均蒸发量 $mm/(m^2 \cdot d)$	全年蒸发总量（万 m^3）
1	螳螂河	1.2	27.8	5.5	66.97
2	儒林河	1.2	17.4	5.5	41.92
3	饮马河	1.2	21.6	5.5	52.03
4	沂河	1.2	135	5.5	325.22

③渗漏量计算

$$G=Q_k\times \alpha \quad (3-15)$$

式中：Q_k 为常年平均蓄水量(m^3)；α 为渗透系数，取 0.7/a。

计算结果见表 3-21。

表 3-21　各条河道全年渗漏量

序号	河道	渗透系数	水体体积(m^3)	全年渗漏总量(万 m^3)
1	螳螂河	0.7	1 390 000	97.30
2	儒林河	0.7	870 000	60.90
3	饮马河	0.7	1 080 000	75.60
4	沂河	0.7	6 750 000	472.50

④生态需水量计算

保证氨氮达标的生态换水量大于 COD 和 TP 所需换水量，即生态换水量若能保证氨氮达标，亦能保证 COD 和 TP 达标，因此选取保证氨氮达标纳污能力下的生态换水量作为计算值。求出生态换水量、全年蒸发量和渗漏量之和，即为各条河道的生态需水量，见表 3-22。

表 3-22　各条河道生态需水量　　　　　　　　　（单位：万 m^3）

序号	河道	蒸发量	渗漏量	生态换水量	总生态需水量
1	螳螂河	66.97	97.30	197.88	362.15

续表

序号	河道	蒸发量	渗漏量	生态换水量	总生态需水量
2	儒林河	41.92	60.90	245.86	348.68
3	饮马河	52.03	75.60	266.47	394.10
4	沂河	325.22	472.50	1 397.89	2 195.61

⑤生态流量计算

将每条河道的全年总需水量化为流量,见表3-23。

表3-23　各条河道生态流量计算结果表　　　　（单位:m³/s）

	螳螂河	儒林河	饮马河	沂河
生态流量	0.11	0.11	0.12	0.70

4. 生态流量最优值推荐

综合 Tennant 法、Lyon 法和水量水质综合模拟法的计算结果,见表3-24。

表3-24　3种方法计算结果比较　　　　　　（单位:m³/s）

	计算方法	1月	2月	3月	4月	5月	6月	7月	8月	9月	10月	11月	12月
沂河	Tennant	0.27	0.23	0.20	0.31	0.39	0.68	3.60	3.01	1.68	0.59	0.43	0.38
	Lyon	1.19	1.07	0.94	1.66	2.44	9.69	159.23	87.14	40.20	2.77	1.76	1.44
	水量水质综合模拟法	0.70												
螳螂河	Tennant	0.10	0.08	0.07	0.11	0.14	0.24	1.26	1.05	0.59	0.21	0.15	0.13
	Lyon	0.42	0.38	0.33	0.58	0.86	3.39	55.73	30.50	14.07	0.97	0.61	0.50
	水量水质综合模拟法	0.11												
儒林河	Tennant	0.08	0.07	0.06	0.09	0.12	0.20	1.08	0.90	0.50	0.18	0.13	0.11
	Lyon	0.36	0.32	0.28	0.50	0.73	2.91	47.77	26.14	12.06	0.83	0.53	0.43
	水量水质综合模拟法	0.11												
饮马河	Tennant	0.07	0.06	0.05	0.08	0.10	0.17	0.90	0.75	0.42	0.15	0.11	0.09
	Lyon	0.30	0.27	0.23	0.41	0.61	2.42	39.81	21.79	10.05	0.69	0.44	0.36
	水量水质综合模拟法	0.12												

三种方法中,Tennant 法与水量水质综合模拟法的计算结果相差不大;

Tennant法以较天然的水文流量为基础计算生态流量,在枯水月份,计算出的生态流量值偏小,不能满足水质净化的要求;采用Lyon法计算出的生态流量在枯水月份结果正常,丰水月份结果偏大,难以实现;水量水质综合模拟法计算出的结果,能够考虑到人类活动对水系的影响,可作为重要的标准。综合三种计算的结果,确定城区水系的适宜生态流量,结果见表3-25。

表3-25　各条河道适宜生态流量推荐　　　　　　　　　（单位:m³/s）

河道	沂河	螳螂河	儒林河	饮马河
适宜生态流量	1.21	0.35	0.35	0.4

3.1.3　水系连通效果研究

1. 河库连通方案拟定

1) 水系连通

随着城市的发展,城市人口不断增加,城区范围进一步扩大,对水资源产生更大的需求。充分考虑水资源时空分布差异、水环境保护、水生态修复以及防洪安全的需要,通过实地踏勘和调查分析,利用科学的调水、疏导、沟通、调度等措施规划水系连通工程,尽可能将有条件的河道连通起来,塑造人水和谐的水系格局与水循环关系。

随着沂源县城市的发展,城区范围扩大,现有的水系河网难以满足生态水量的需要。但是迫于山丘区的地形地貌,想要开辟河道需要穿过山体、成本较高且实际操作困难。本次研究经过深入分析,计划沿着城区外围的S229沂邳线规划道路,规划管渠结合的输水通道,全长约14 km,连接螳螂河、儒林河、饮马河及城区外围的石桥河,形成一个纵横交错、浑然一体的河网结构。

水系连通之后,沂河干流可通过上游田庄水库进行下泄补水。3条支流可通过泵站抽取田庄灌区加压站补充螳螂河上游水量,再通过螳螂河水补充各条河道,保证城区范围内的河道有水、活水和净水。在三条河道与新规划河道的交汇处设置闸门,根据生态流量需要向下游泄水。

新开河道沂河至儒林河段采用管道和渠道结合的方式,儒林河至饮马河段在原有的北干渠基础上扩建,饮马河至石桥河段为渠道。沂邳线道路规划见图3-10,水系连通见图3-11。

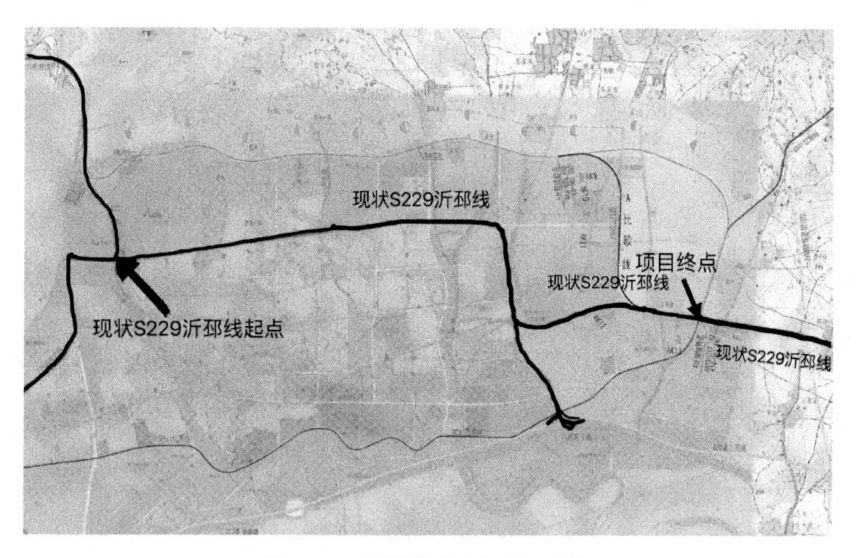

图 3-10 沂邳线道路规划示意图

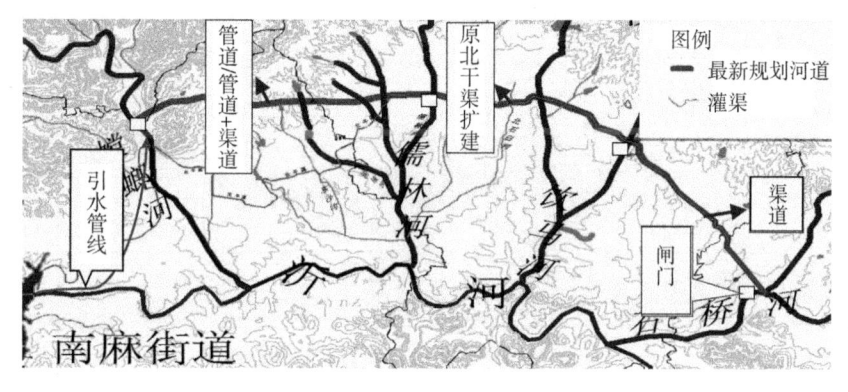

图 3-11 水系连通示意图

2) 河道生态保障措施

城区内的沂河干流河段、螳螂河、儒林河、饮马河按 50 年一遇防洪标准整治河道,人类活动密集处(村庄、道路等)新建堤防或对现有堤防进行加高加固,通过疏浚河道,清除行洪障碍,改建穿堤建筑物进一步提高河道防洪调蓄能力。

基于各河道自身特征,规划对不同河段提出针对性修复保护措施,改善河道生态环境,在维护河流健康的基础上,进一步改善人居环境,发挥河道综合功能。

(1) 沂河

考虑到城区河道特点、造价维护等因素，沂河干流城区段坝型多为橡胶坝。其建设为城区河道蓄水、水位和流量调节等发挥了巨大作用，但现状存在局部老化、残损等问题，对橡胶坝功能发挥和河道生态景观性造成一定破坏（见图 3-12）。

图 3-12　沂河橡胶坝现状图

规划沂河干流橡胶坝生态改造和新建工程布局见图 3-13。

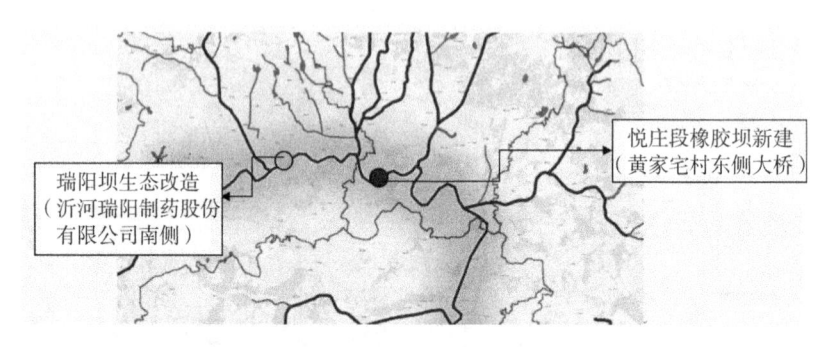

图 3-13　沂河干流生态堰坝工程布局图

以沂河瑞阳制药股份有限公司南侧橡胶坝为典型断面进行生态改造，保留并定期维护原橡胶坝，在橡胶坝下游处新建梯田式跌水堰坝，坝顶可选择设置漫水桥，在保证堰坝功能的基础上提升生态景观性和亲水通达性。现状沂河干流主要面临生态水量不足等问题，为满足河道生态流量的要求，改善周围生态环境，规划在沂河悦庄段、黄家宅村东侧大桥各新建一座充水式橡胶坝，在丰水季节拦蓄上游来水，补充河道水量，避免过境水的浪费。橡胶坝效果见图 3-14。

(2) 螳螂河

螳螂河位于沂源县西北部，源于山东四大名山之一——鲁山西南三府山

图 3-14　橡胶坝效果图

的螳螂崖,东临沂源鲁山溶洞群,东南流向,于沂源县城区南部汇入沂河。螳螂河下游段(历山公园为界)流经城区,规划以生态景观改造和提升为主,优化河道综合功能。

①生态连拱坝改造

位于水景公园西侧河道的堰坝是典型的连拱坝设计。为弥补连拱坝溢流不足的问题,并增加其生态景观性,规划考虑采用千层石设计改建原连拱坝为叠石坝、抬高水位、拦蓄泥沙、提高溢流程度。连拱坝现状及生态改造效果见图 3-15。

图 3-15　连拱坝现状及生态改造效果图

②生态岸坡及滨河绿化修复工程

螳螂河下游流经城区,现状已完成河道整治,河道开阔,水面率较高,岸坡均已建直立式硬质防洪堤。规划以岸坡生态景观提升改造为主,考虑到主城区两岸建筑密集,滨水空间紧凑且河道防洪排涝要求较高,护坡改造难度较大,可采用硬岸挂壁式湿地技术(见图 3-16),通过在硬质护坡上悬挂水生植物,构建上下两层湿地系统。枯水期提升河道水进行循环净化处理;雨季截留处理地表径流,消纳地表径流污染,同时起到滨水缓冲带的效果。

051

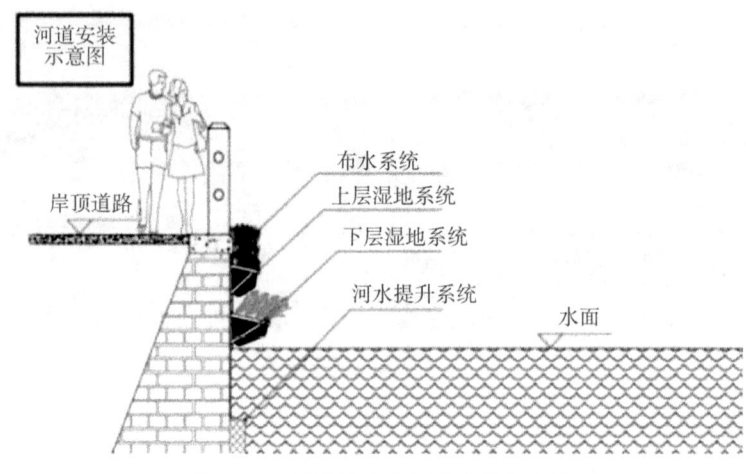

图 3-16　硬岸挂壁式湿地改造示意图

③儒林河

儒林河中下游属于山前台地、平原,河道相对宽浅,底宽约 40 m,因流经城镇,沿河侵占河道现象普遍,违法开采、设障、缩河造地现象较多。此外,河道下游工业化程度较高,现状存在河道污染等问题。针对河道现状问题,规划重点开展儒林河生态岸坡及滨岸带综合治理工程。

儒林河城区段即中下游段河道东岸已基本完成岸坡整治,岸线较为规整,但生态景观效果不佳;西岸岸线尚未整理,岸线功能较为混乱,岸坡损毁、侵占河道等现象普遍。规划重点对儒林河城区段岸坡进行生态修复改造及岸线功能整治,要求在河道生态清淤清障的基础上,加快清除非法岸线建设和活动,结合城区五线划定,明确河道岸线功能,留足河岸带生态空间;对现状损毁岸段进行修复,采用绿滨护坡、雷诺护坡、格宾护坡等生态岸坡形式对未护砌岸坡或已建浆砌石岸坡进行生态建设或改造(以西岸新建、东岸改造为主)。按照尽量减少护坡硬化的原则,仅在河流迎流冲刷段、桥梁上下游两侧各 15 m 段设置雷诺护坡,共计 1 110 m;对现状浆砌石直墙损毁段采用格宾护坡修复,共计 385 m;其余全段均采用草皮生态护坡,共计 8 700 m。基于岸坡整治,建设景观堆石和层级亲水阶梯,根据丰枯水位确定层高,优化滨水景观和亲水效果(见图 3-17)。

④饮马河

饮马河为沂河支流悦庄河的支流源头之一,河道上游山溪性河道特性明显,下游左岸为沂源县悦庄镇政府所在地,是悦庄镇政治、经济、文化中心,河

图 3-17 儒林河生态岸坡及滨岸带综合治理效果图

道受人为干扰影响较大。规划针对河道现状问题,重点开展饮马河生态岸坡及滨岸带综合治理工程。

基于"还河道以自然"的理念,结合城市总体规划,优化饮马河河岸空间形式。对上游自然岸坡以生态保护为主,对河床和滩地进行生态化修复,丰富河岸带植被类型。下游考虑城区扩张等因素,在河道生态清淤清障的基础上,对岸坡进行生态修复改造及岸线功能整治,清除沿岸侵占河道、违法开采、设障、缩河造地等现象,恢复河道行洪断面。河道采用梯形断面,岸坡坡度根据自然现状,不得小于 1∶3。岸坡防护采用草皮护坡及植草砖护坡相结合的形式,使场地径流能够自然下渗汇入河道,恢复水陆的生态交换过程。同时在河道两岸根据自然地形建设沿河子堤,子堤两侧修建 1.5 m 宽的沿河休闲步道,形成连续开放的滨水游憩空间(见图 3-18)。

2. 生态流量保障程度分析

根据 3.1.2 节确定的适宜生态流量结果,进行生态流量保障程度分析。

1) 水系连通前

根据历史流量资料,利用近十年月流量最小值与适宜生态流量值比较,求出近十年生态流量保障程度。河网生态流量保障程度分析见表 3-26。

图 3-18　饮马河生态岸坡及滨岸带综合治理效果图

表 3-26　水系连通前河网生态流量保障程度分析

河道	总月份	达到适宜生态流量的月份	生态流量保障程度
沂河	120	90	75.0%
螳螂河	120	58	48.3%
儒林河	120	49	40.8%
饮马河	120	53	44.2%

2）水系连通后

水系连通后，根据生态流量的需求，设计调水方案，确保调入各条河道的水量满足适宜生态流量的需求，生态流量保障度为100%。河网生态流量保障程度分析见表3-27。

表 3-27　水系连通后河网生态流量保障程度分析

河道	适宜生态流量(m^3/s)	调水流量设计值(m^3/s)	生态流量保障程度
沂河	1.21	1.22	100%
螳螂河	0.35	0.36	100%
儒林河	0.35	0.36	100%
饮马河	0.4	0.41	100%

3. 防洪效果评估

1）设计暴雨计算

根据水文计算原理及方法，设计暴雨历时应不小于流域汇流时间。流域汇流时间主要取决于流域特性，包括汇水面积、流域形状、地面坡度、土地利用性质、河道特性、河网密度、河湖调蓄容积等。根据流域地形地貌特性和水文水力分析，取1、3日为沂源县设计暴雨频率计算的控制时段。采用1979—2016年连续38年实测暴雨资料推求沂源县最大1日、3日10年一遇、20年一遇以及50年一遇设计雨量。

沂源县设计暴雨计算所选用的雨量站包括：田庄水库、东里店水文站，徐家庄、草埠、包家庄、大张庄、朱家庄、芦芽店、悦五、石桥、燕崖、焦家上庄雨量站共计12个站点，资料系列长度为1979—2016年。采用适线法进行频率计算，得到不同时段的面雨量分布参数，及10年、20年和50年一遇设计面雨量，结果见表3-28、表3-29。

表3-28　沂源县面雨量频率分布参数

参数	1日	3日
均值(mm)	82.8	111.4
Cv	0.36	0.31
Cs/Cv	3.3	3.3

注：Cv为变差系数，Cs为偏差系数

表3-29　沂源县设计面雨量　　　　　　　　　　（单位：mm）

时段	重现期		
	10年	20年	50年
1日	122.7	139.6	160.9
3日	157.7	176.3	199.5

流域内设计暴雨时程分配采用《山东省水文图集》中的泰沂山南两小时雨型，逐日面降雨量过程见表3-30。

表3-30　沂源县设计面暴雨日程分配计算　　　　　（单位：mm）

日程	10年一遇设计暴雨	20年一遇设计暴雨	50年一遇设计暴雨
1	24.5	25.7	27.0
2	10.5	11.0	11.6
3	122.7	139.6	160.9

沂源县3×24小时10年、20年和50年一遇设计暴雨过程，见图3-19至图3-21。

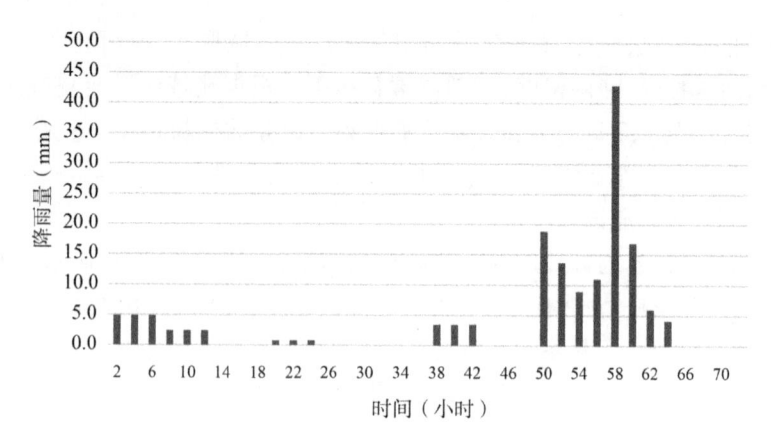

图 3-19　沂源县 3×24 小时 10 年一遇设计暴雨过程

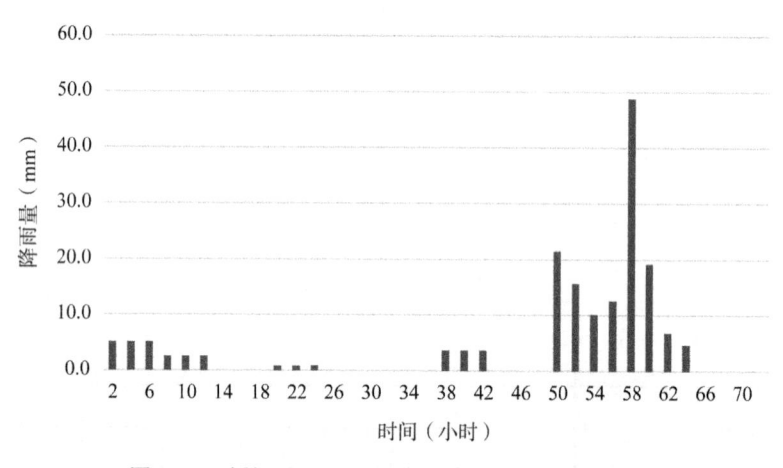

图 3-20　沂源县 3×24 小时 20 年一遇设计暴雨过程

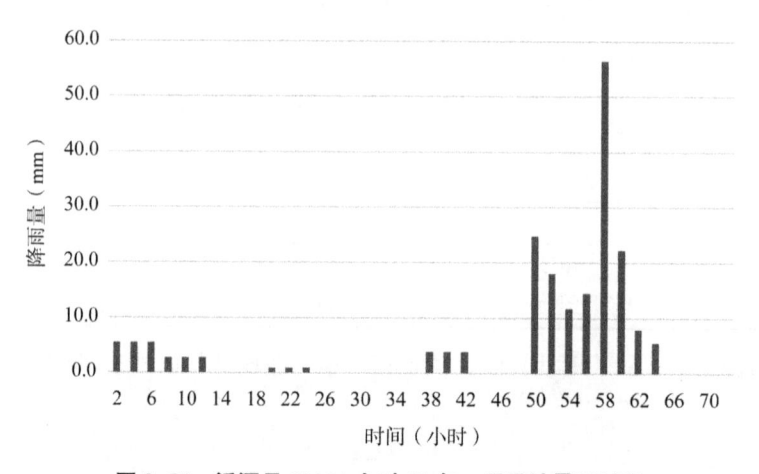

图 3-21　沂源县 3×24 小时 50 年一遇设计暴雨过程

2) 设计洪水计算

根据现状条件下的水利工程布设及城市发展状况,按洪水归槽计算,采用水文水力模型计算得出不同水平年全县骨干河道设计洪峰流量,计算结果见表3-31。

表3-31　骨干河道不同重现期出口断面洪峰流量

河流	流域面积(km²)	出口断面洪峰流量(m³/s)		
		10年一遇	20年一遇	50年一遇
沂河	1 463.6.0	—	2 557	3 604
螳螂河	159.33	571	676	808
儒林河	50.27	218	257	310
饮马河	41.24	179	213	254
石桥河	97.58	389	468	570

3) 水文水力模型构建

本次所选择的研究区范围为沂源县城区,但产汇流计算过程中需要涉及整个流域,因此模型概化的范围为沂源县县域范围,河网概化情况见图3-22。

图3-22　沂源县水系河网概化图

沂河上游边界采用徐家庄河、南岩河、大张庄河、高村河作为田庄水库入库洪水,经过调洪演算后推求得出,沂河下游边界条件采用汛期常水位。

4)结果分析

(1)沂河

沂河干流概化河道总长 59.64 km,流域集水面积 1 463.6 km^2,沂河干流距下游河口里程 59.6—40.2 km 处为中心城区河段,设计防洪标准为抵御 50 年一遇洪水,水系连通前后的计算结果见表 3-32、表 3-33。

表 3-32　水系连通前沂河中心城区段 50 年一遇洪峰流量及水位

断面序号	距下游河口里程(km)	流量(m^3/s)	水位(m)
1	59.6	824	292.4
2	53.1	1 240	273.5
3	48.6	1 985	263.6
4	44.9	2 357	255.8
5	40.2	2 678	249.5

表 3-33　水系连通后沂河中心城区段 50 年一遇洪峰流量及水位

断面序号	距下游河口里程(km)	流量(m^3/s)	水位(m)
1	59.6	824	292.4
2	53.1	1 237	273.4
3	48.6	1 945	263.2
4	44.9	2 305	255.5
5	40.2	2 613	249.1

根据模型计算结果,在 50 年一遇设计洪水作用下,水系连通前,沂河城区段西上高庄、盛家庄、埠下多处存在淹没风险。在沂河水系连通后,由于上游新建河道分流了螳螂河、儒林河、饮马河上游洪水,减轻了沂河城区段的行洪压力,所以在沂河的螳螂河入河口之后段,即沂河距下游河口里程 52.9—40.2 km 段内,洪峰流量明显降低,最高水位降低。对于沂河的螳螂河入河口之前段,由于下游水位的降低,也使得上游段洪水风险得到缓解,整体风险得到了控制。

(2)螳螂河

螳螂河概化河道总长 27 km,流域集水面积 159.3 km^2,其中螳螂河距下游河口里程 13—0 km 处为中心城区河段,设计防洪标准为 50 年一遇,水系连通前后的计算结果见表 3-34、表 3-35。

表 3-34　水系连通前螳螂河城区段 50 年一遇洪峰流量及水位

断面序号	距下游河口里程(km)	流量(m³/s)	水位(m)
1	13	309	298.5
2	11	396	288.4
3	9	498	284.2
4	7	583	273.8
5	6.6	622	272.6
6	5	672	272.2
7	2.5	740	271.5
8	0	808	270.9

表 3-35　水系连通后螳螂河城区段 50 年一遇洪峰流量及水位

断面序号	距下游河口里程(km)	流量(m³/s)	水位(m)
1	13	309	298.5
2	11	396	288.4
3	9	458	283.9
4	7	543	273.4
5	6.6	582	272.2
6	5	632	271.8
7	2.5	700	271.1
8	0	768	270.5

根据模型计算结果，在 50 年一遇设计洪水作用下，水系连通前，螳螂河城区段城西南麻二村处存在着一定的淹没风险，水系连通后，由于上游新建河道分流了螳螂河上游洪水，所以在新建河道与螳螂河交汇口之后段，即距下游河口里程 9—0 km 段内，洪峰流量有所降低，最高水位降低，溃堤风险减小。

(3) 儒林河

儒林河概化河道总长 8.28 km，流域集水面积 50.3 km²，儒林河距下游河口里程 8.3—0 km 处为中心城区河段，设计防洪标准为抵御 50 年一遇洪水，水系连通前后的计算结果见表 3-36、表 3-37。

表 3-36 水系连通前儒林河中心城区段 50 年一遇洪峰流量及水位

断面序号	距下游河口里程(km)	流量(m³/s)	水位(m)
1	8.3	48	285.7
2	6.3	75	273.4
3	4.3	149	268.5
4	2.2	228	264.9
5	0	310	262.8

表 3-37 水系连通后儒林河中心城区段 50 年一遇洪峰流量及水位

断面序号	距下游河口里程(km)	流量(m³/s)	水位(m)
1	8.3	48	285.7
2	6.3	63	273.2
3	4.3	137	268.3
4	2.2	216	264.7
5	0	298	262.6

根据模型计算结果,在 50 年一遇设计洪水作用下,水系连通前,儒林河城区段东儒林、南石臼段存在淹没风险,水系连通后,由于上游新建河道分流了儒林河上游洪水,所以在新建河道与儒林河交汇口之后段,即距下游河口里程 6.3—0 km 段内,洪峰流量有所降低,最高水位降低,溃堤风险减小。

(4) 饮马河

饮马河概化河道总长 7.49 km,流域集水面积 41.2 km²,饮马河距下游河口里程 7.5—0 km 处为中心城区河段,设计防洪标准为抵御 50 年一遇洪水,水系连通前后的计算结果见表 3-38、表 3-39。

表 3-38 水系连通前饮马河中心城区段 50 年一遇洪峰流量及水位

断面序号	距下游河口里程(km)	流量(m³/s)	水位(m)
1	7.5	54	282.4
2	5.5	89	276.8
3	3.1	149	271.6
4	1.4	207	264.1
5	0	254	258.5

表 3-39 水系连通后饮马河中心城区段 50 年一遇洪峰流量及水位

断面序号	距下游河口里程(km)	流量(m³/s)	水位(m)
1	7.5	54	282.4
2	5.5	76	276.5
3	3.1	136	271.3
4	1.4	194	263.8
5	0	241	258.2

根据模型计算结果,在 50 年一遇设计洪水作用下,水系连通前,饮马河南张良、中张良、北张良段均存在淹没风险。水系连通后,由于上游新建河道分流了饮马河上游洪水,所以在新建河道与饮马河交汇口之后段,即距下游河口里程 5.5—0 km 段内,洪峰流量有所降低,最高水位降低,溃堤风险减小。

(5)石桥河

石桥河不属于城区范围内,但是由于新开的河道将城区范围内的几条河道与石桥河连通,故需要对其进行防洪校核。

石桥河干流概化河道总长 12.9 km,流域集水面积 97.6 km²,其中干流从上游错石水库坝下(距下游河口里程 12.9 km)至下游汇入沂河干流河口处(里程 0 km)。在面临 50 年一遇洪水时,水系连通前后的计算结果见表 3-40、表 3-41。

表 3-40 水系连通前石桥河 50 年一遇洪峰流量及水位

断面序号	距下游河口里程(km)	流量(m³/s)	水位(m)
1	12.9	0	281.0
2	10.9	60	278.4
3	8.9	122	273.9
4	6.9	181	268.8
5	4.9	240	259.3
6	2.1	326	248.5
7	0	389	245.6

表 3-41 水系连通后石桥河 50 年一遇洪峰流量及水位

断面序号	距下游河口里程(km)	流量(m³/s)	水位(m)
1	12.9	0	271.0
2	10.9	60	278.4

续表

断面序号	距下游河口里程(km)	流量(m³/s)	水位(m)
3	8.9	187	273.5
4	6.9	247	269.4
5	4.9	305	260.2
6	2.1	391	249.1
7	0	354	246.1

石桥河流经村庄,现状防洪标准为10年一遇,在水系连通后,需进行河道的拓宽及河岸加固,以保障两岸的生产生活安全。

在水系连通前,通过模型模拟计算,各条河段可能出现溃堤风险的区域见图3-23。

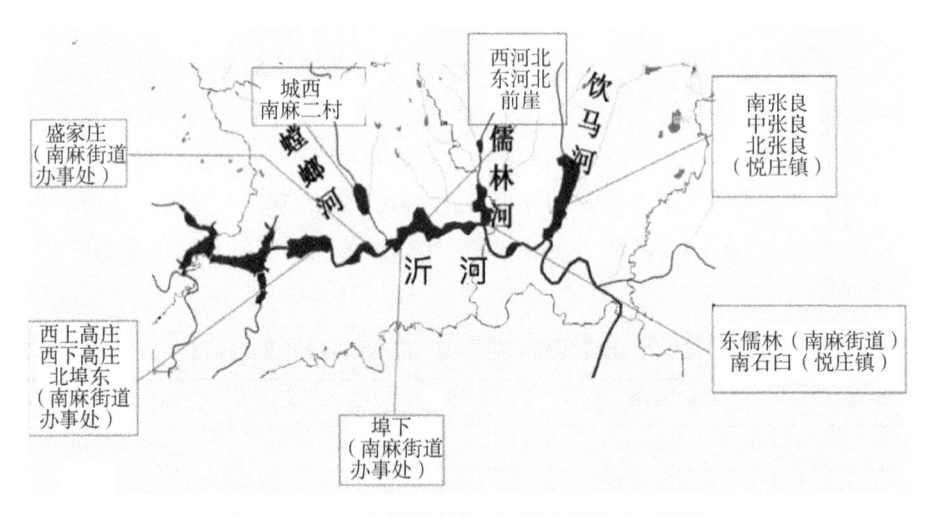

图3-23 水系连通前城区河网淹没风险区域图

统计有淹没风险的河段,结果见表3-42。

表3-42 水系连通前防洪保障效果

序号	河道	城区内总长度(km)	淹没风险河段长度(km)	风险河段所占比例	防洪保障效果
1	螳螂河	13	0.9	6.92%	93.08%
2	儒林河	8.3	1.2	14.46%	85.54%
3	饮马河	7.5	2.3	30.67%	69.33%
4	沂河	19.4	4.5	23.20%	76.80%

水系连通后,由于新开河道分流了螳螂河、儒林河、饮马河的上游洪水,沂河城区中上游段也因此减轻了防洪压力,再通过河道清淤、河岸加高加固、生态保障措施的施行,确保沂源县城区河段均可满足 50 年一遇防洪要求。

3.1.4 水系连通前后结构及连通性评价

1. 自然指标评价

水系连通前后的自然指标评价结果分别见表 3-43、表 3-44。

表 3-43 水系连通前评价结果

类别	评价指标	符号表示	数值
水系结构	河网密度	R_d	1.48
	水面率	W_p	0.04
	河网复杂度	C_R	0.84
连通性	纵向连通度	W	0.33
	横向连通度	C	1.67

表 3-44 水系连通后评价结果

类别	评价指标	符号表示	数值
水系结构	河网密度	R_d	1.62
	水面率	W_p	0.05
	河网复杂度	C_R	1.03
连通性	纵向连通度	W	0.30
	横向连通度	C	2.23

在进行水系连通后,河网密度、水面率、河网复杂度、横向连通度 4 项指标都有提升,说明在水系连通之后,规划区内的水网更加丰富、水面所占比率提升,同时河网从简单变得复杂,横向连通性提高,不同河道之间互相连通,有利于河网整体的稳定和平衡,有利于对生态流量和河流生态健康的保障。同时,河网的纵向连通度降低,表明河网在纵向上连通性变好,水流受到阻碍减少。

2. 社会功能指标评价

1) 生态流量保障率

由 3.1.3 节中生态流量保障程度得知,在水系连通前后各条河道的生态流量保障程度见表 3-45。

表 3-45 水系连通前后各条河道生态流量保证率评价结果

河道	水系连通前生态流量保障程度	水系连通后生态流量保障程度	各条河道权重系数	水系连通前生态流量保障率 μ	水系连通后生态流量保障率 μ
沂河	75.0%	100%	0.3	59.72%	100%
螳螂河	48.3%	100%	0.1		
儒林河	40.8%	100%	0.1		
饮马河	44.2%	100%	0.1		

2）防洪效果

由 3.1.3 节中防洪效果评估得知，在水系连通前后各条河道的防洪保障效果见表 3-46。

表 3-46 水系连通前后各条河道防洪效果评价结果

河道	水系连通前防洪保障效果	水系连通后防洪保障效果	各条河道权重系数	水系连通前防洪保障率 μ	水系连通后防洪保障率 μ
沂河	93.08%	100%	0.3	85.15%	100%
螳螂河	85.54%	100%	0.1		
儒林河	69.33%	100%	0.1		
饮马河	76.80%	100%	0.1		

3. 河网结构及连通性综合评价

1）指标系数

在本次研究中，针对沂源县城区水系生态流量难以保障的主要问题，将生态流量保障程度作为重要评价指标，系数定为 0.3；其次，防洪安全问题作为关系到人民生命财产安全的重要指标，也需要给予足够的重视，系数定为 0.2；各项自然指标从不同角度反映水系的结构和连通性，系数均为 0.1。

2）计算结果见表 3-47。

表 3-47 综合指标 H 评价结果

类别		评价指标	符号表示	正负相关性	系数	水系连通前	水系连通后
自然指标	水系结构	河网密度	R_d	+	0.1	1.48	1.62
		水面率	W_p	+	0.1	0.04	0.05
		河网复杂度	C_R	+	0.1	0.84	1.03
	连通性	纵向连通度	W	—	0.1	0.33	0.30
		横向连通度	C	+	0.1	1.67	2.23

续表

类别	评价指标	符号表示	正负相关性	系数	水系连通前	水系连通后
社会功能指标	生态流量保障程度	ρ	+	0.3	59.72%	100%
	防洪保障率	μ	+	0.2	85.15%	100%
河网结构及功能性综合评价指标		H			0.72	0.96

水系连通后，H 值从 0.72 提升到 0.96，说明从自然指标和社会功能指标两个方面综合分析，水系连通后的结构和功能性得到提升，取得预期成效，能够在实际应用中对沂源县城的水系、水生态、水安全起到积极的保障作用。

3.2 基于库库连通的安吉县引调水水质评价

3.2.1 库库连通工程概述

安吉两库引水工程均位于湖州市境内，涉及安吉县、长兴县、吴兴区、经济技术开发区。工程利用安吉县已建的老石坎水库及赋石水库两库联合调度，为湖州市区供水，以保障湖州用水需求，工程建设内容包括：老石坎水库进水口、两库连通隧洞、赋石水库进水口及输水线路工程。

两库通过隧洞连通，其中进口位于老石坎水库坝址上游约 900 m、报福镇仙人坑南侧，出口位于赋石水库库尾（坝址上游约 7 km）、孝丰镇高坎头附近。工程输水线路起点位于赋石水库新建取水口（坝址上游约 600 m），终点位于湖州市经济开发区瓜山村东南侧规划的湖州西部水厂，沿途经过安吉县孝丰镇、孝源街道、递铺街道、梅溪镇，长兴县和平镇以及吴兴区妙西镇、杨家埠街道等地。

工程地理位置见图 3-24。

1. 水库联调风险

两库引水联调工程以安吉县老石坎水库、赋石水库为引水水源，通过输水隧洞引水至湖州市区，工程实施对引水水库及水库下游河道存在的风险分析如下：

1）老石坎水库、赋石水库为安吉县生活、生产、生态"三生"用水的主要供水水源，引水工程将多余水量引至湖州，两座水库自身蓄水量减少，水量减少对水库污染物的扩散降解造成的影响有待分析。

2）汛期，两座水库下泄多余水量至下游河道（老石坎水库下游为西苕溪，

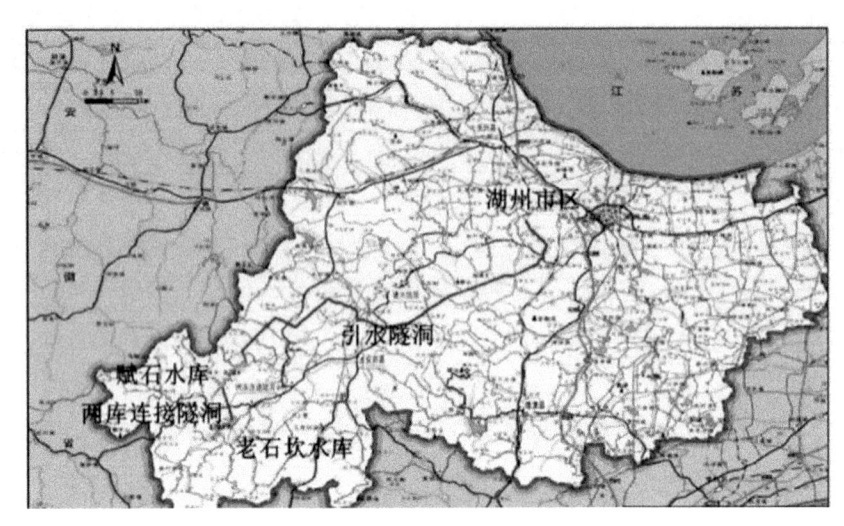

图 3-24 两库引水工程地理位置图

赋石水库下游为南溪),同时下游河道靠水库补给生态流量,引水工程实施后,水库下泄水量相应减少,对河道的水质影响同样有待分析。

2. 工程必要性

考虑引水工程实施必要性主要有:

(1) 优质水源缺乏,供需矛盾突出。随着湖州市国民经济的快速发展和居民生活水平的提高,城乡供水需求不断增加。根据《湖州中心城市给排水专项规划》,湖州市中心城市 2020 年用水量将达 60 万 m^3/d。湖州市区主要供水水源为老虎潭水库和太湖,但太湖水体富营养化程度较高且取水受国家对太湖水资源配置的限制,老虎潭水库供水能力也仅有 20 万 m^3/d,无法满足湖州城市用水需求。因此,现有水源远不能满足湖州市国民经济快速发展的需要。

安吉县老石坎水库、赋石水库水量充沛、水质优良,安吉两库引水工程在满足安吉"三生"用水的前提下,将两库富余的优质水资源引至湖州市,可以有效改善湖州市的原水水质,满足人民日益增长的对优质水资源的需求。

(2) 优化水资源空间配置的需要。湖州市水资源空间分布不均,市区用水需求分布也不协调,西部山区人均水资源为东部平原地区的 3.2 倍。西部山区人口少,用水需求总量少,而水资源量丰沛;东部平原地区人口数量大、工农业较为发达,因此用水需求量大,但可利用水资源却相对不足。安吉两库引水工程可以将西部丰沛的水资源调配至东部平原地区,优化区域水资源的空间配置,提高水资源利用效率。

(3) 综合利用水资源不应具有局限性。优质的安吉两库原水,是广大湖州市群众的福祉所在。安吉两库优质水资源不仅是安吉区域的"金山银山",更应该是惠及下游民众的"金山银山"。应秉持共同合理性开发、共同强效型保护的态度来建设安吉两库引水工程。

3.2.2 水量水质耦合活水调度模型构建

1. 二维模型构建

根据赋石水库和老石坎水库库区的水陆边界、库区水深、水位高程数据等构建模型网格,并确定初始水位流量、模拟参数等。本书为更好地拟合研究区域水陆边界,采用可以任意调整网格密度和大小的三角网格,老石坎水库数值模型共概化三角形网格单元1 156个,网格节点1 346个,赋石水库数值模型共概化三角形网格单元878个,网格节点1 017个,两水库的网格图见图3-25和图3-26。根据CAD地形图读取水库水陆边界数据以及水深值并导入模型,通过线性差值生成地形图。

2. 一维模型构建

一维模型主要研究西苕溪以及南溪,河网及断面文件根据地形数据提取,河道模型概化见图3-27。

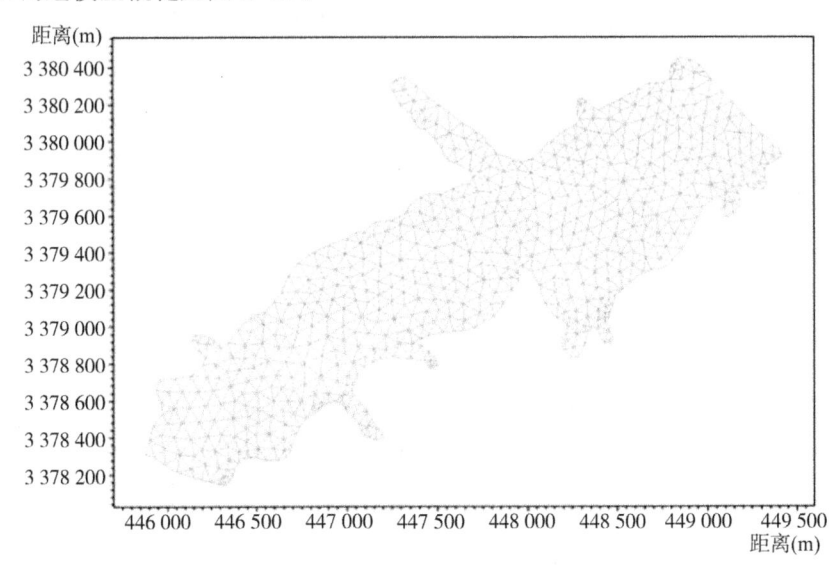

图 3-25 老石坎水库网格概化图

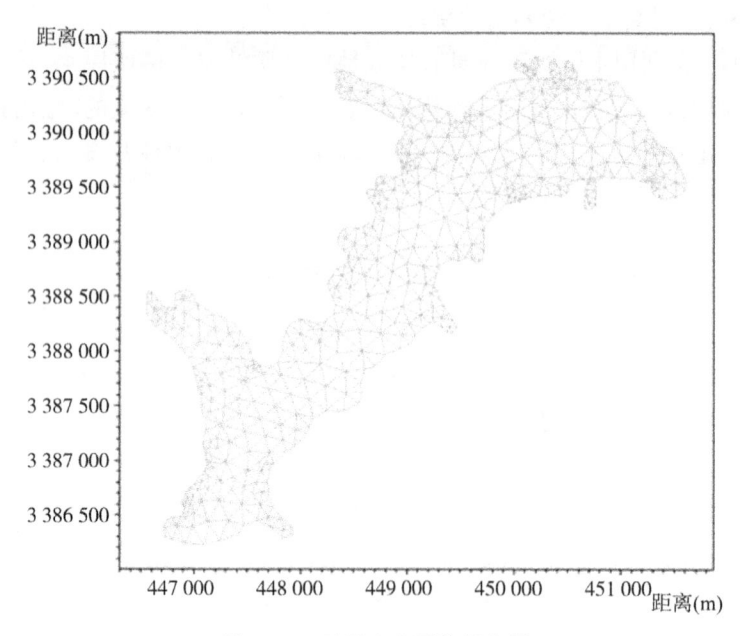

图 3-26　赋石水库网格概化图

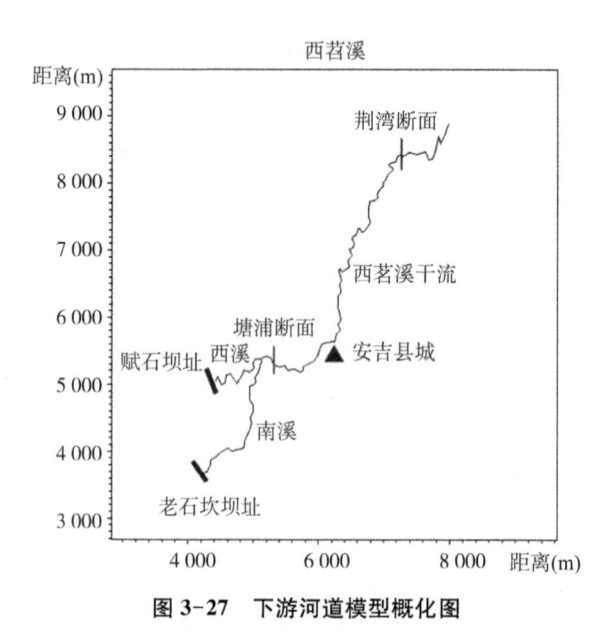

图 3-27　下游河道模型概化图

3. 因子选择及边界条件

库区水质选择 COD、氨氮(TP)、总磷(TN)、总氮(TN)等 4 个常规水质因子进行预测分析,下游河道选取 COD、氨氮、总磷等 3 个常规水质因子进行预测分析。

二维模型上游边界为不同典型年水库入流流量及污染物浓度,下游边界为坝址处下泄流量及下泄水质。根据赋石水库以及老石坎水库的主要入流情况,分别选取 3 条汇水面积较大的河流作为水库的源项(即入流边界),见图 3-28 和图 3-29。

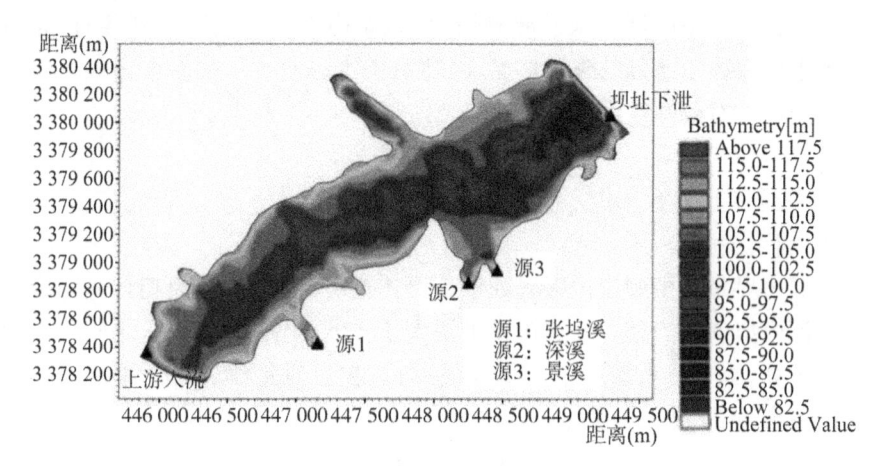

图 3-28　老石坎水库边界条件示意图

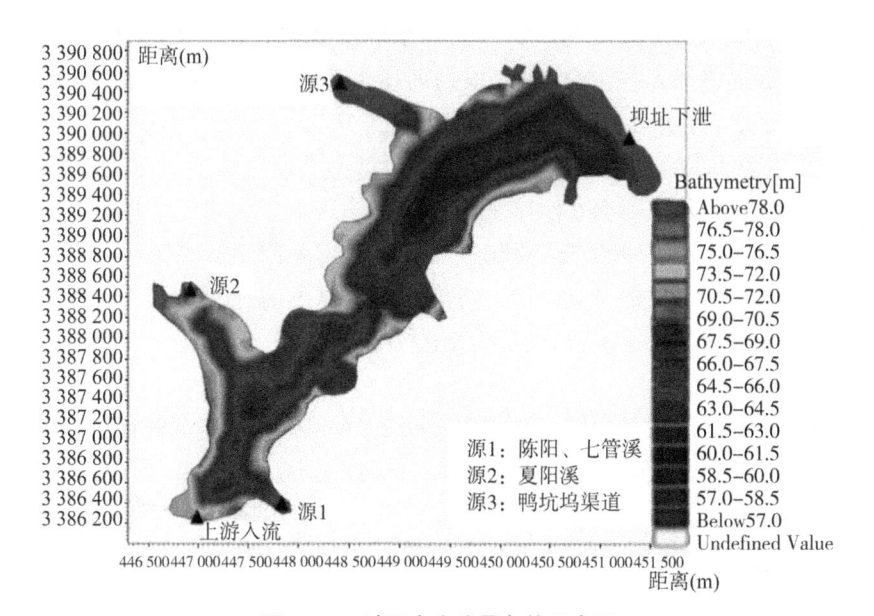

图 3-29　赋石水库边界条件示意图

一维模型上游边界为对应水库不同工况下的下泄流量及污染物浓度,下游设置水位边界,采用港口站的水位资料,其余支流以点源形式汇入主河道。

污染源按照点源和面源两类加入模型。点源污染按照城镇生活污水集中排放情况和工业企业废水排放情况设定排放位置、水量、污染物浓度等,相邻点源合并处理;面源污染按照活水调度河段沿线各乡镇源强分布和区间汇流流量扣除主要支流以外的流量过程,分段分别以线源形式给定,且各月面源负荷综合考虑该区域降水及灌溉情况,汛期内面源污染平分到各月,非汛期内则主要取决于该月的降雨情况,因灌溉供水退水产生的新增污染负荷按上述原则加入对应受纳水体。

4. 参数率定

1) 二维模型参数率定

(1) 干湿边界

干湿边界是当模型模拟区域处于干湿边交替区,为保证模型计算稳定设置的水深模拟值。当某一计算单元水深大于干水深则参与计算,小于干水深则退出计算,小于湿水深则不计算动量方程,仅计算连续方程。本次研究采用模型系统中的默认参数值:干水深(Dryingdepth)为 0.005 m,淹没水深(Flooddepth)为 0.05 m,湿水深(Wettingdepth)为 0.1 m。

(2) 糙率

水库底部植物生长状况、地形起伏、水位变化以及水库现有水工构筑物等都会对糙率造成影响,本次研究根据两座水库河床底部状况,结合水力学相关计算手册,将水动力模块中的糙率确定为 0.03。

(3) 扩散系数

污染物进入水体后会在水库水流梯度的作用下发生对流扩散现象,从而浓度降低。MIKE21 中的二维对流扩散方程假定垂向充分混合,不考虑垂向作用仅考虑水平方向的对流扩散。考虑水库中水的流速小于溪流,所以取污染物扩散系数为不敏感参数,确定为 1 m^2/s。

(4) 降解系数

降解系数采用赋石水库和老石坎水库 2016 年的水质监测数据进行率定,COD、氨氮、总磷、总氮模拟值与实测值的比较分别见图 3-30 和图 3-31。率定结果表明,模拟的水质浓度变化趋势与实测水质浓度变化过程基本一致,模型模拟结果较好地反映了两个水库的实际水质变化情况,可用于库区的水质模拟预测。

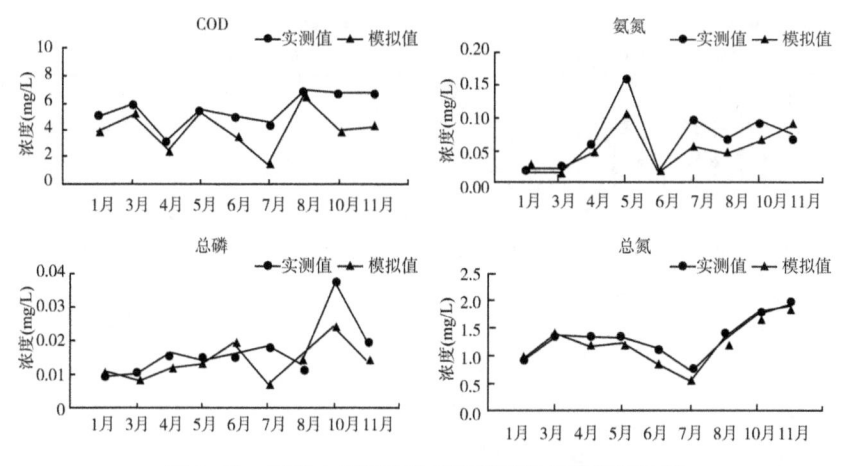

图 3-30　赋石水库污染物浓度模拟值与实测值比较

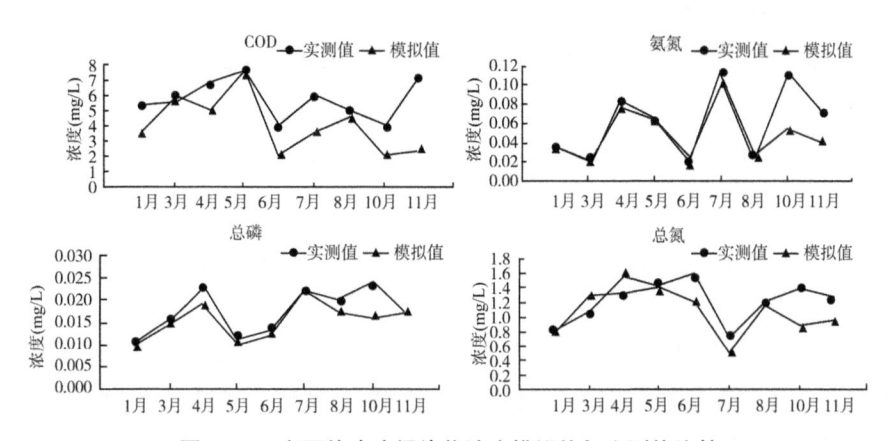

图 3-31　老石坎水库污染物浓度模拟值与实测值比较

2) 一维模型参数率定

一维模型 AD 模块中,根据经验扩散系数,小溪的扩散系数取值范围为 1—5 m²/s,河流的扩散系数取值范围为 5—20 m²/s。污染物的降解系数通过实测数据进行率定验证后确定。塘浦断面各污染物模拟值与实测值的比较见图 3-32。验证结果表明,3 个水质指标的模拟结果基本反映了实际的变化过程,模拟的水质浓度过程基本捕捉到了实测值的极大值和极小值,所建的河网水量水质耦合模型能够用来模拟下游河道的水质。

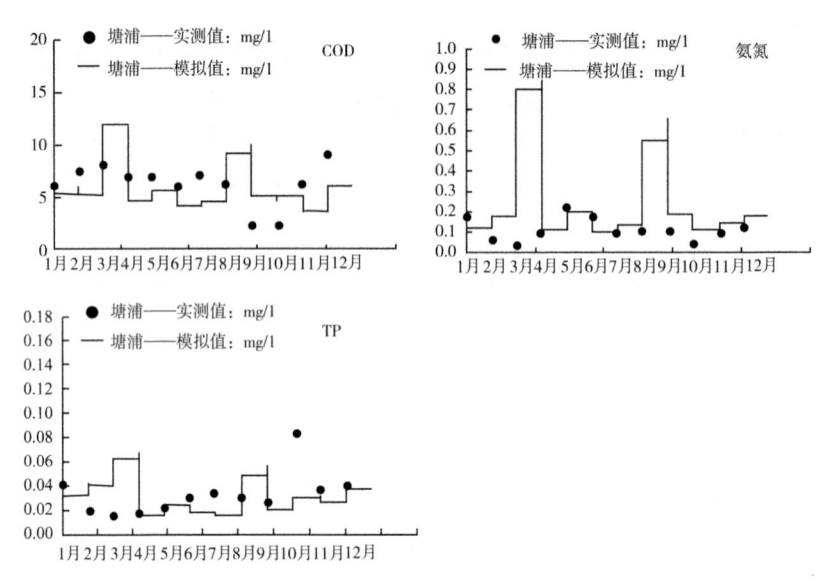

图 3-32　塘浦断面污染物浓度模拟值与实测值比较

3.2.3　引调水模拟方案组合

1. 工况选取

为研究工程实施后对水质及下游河道水质影响,本书共设置三种情景进行对比分析:

情景一:未引水未下泄生态流量,即引水工程未建设且坝址处不下泄生态流量。各典型年各水质边界条件污染物入河量按规划水平年进行计算。

情景二:未引水下泄生态流量,即引水工程未建设但坝址处考虑了生态流量的下泄。各典型年各水质边界条件污染物入河量按规划水平年进行计算。

情景三:引水工程实施后,即引水工程建成且坝址处下泄生态流量。各典型年各水质边界条件污染物入河量按规划水平年进行计算。

2. 典型年月选取

为全面分析引调水工程实施后的影响,本书选取西苕溪流域丰水年、平水年、枯水年、特枯水年四个典型年份的径流量代入模型进行模拟,典型年根据老石坎水库坝址处、赋石水库坝址处、下游河道终点范家村三个地点1955—2016年的流量数据排频综合确定。考虑水量变化较大的月份其水质情况也会相应变动,故本书在确定典型年之后选取汛期水量最大和最小的月份、非汛期水量最小的月份进行重点分析,典型年月见表 3-48。

表 3-48 典型年月一览表

	丰水年	平水年	枯水年	特枯水年
情景	2012	2010	2007	2000
汛期最丰月	8月	3月	3月	6月
汛期最枯月	4月	5月	5月	7月
非汛期最枯月	10月	1月	11月	10月

3. 方案确定

综合考虑三种工况、四个典型年、每个典型年 3 个典型月,本次研究共确定模型模拟方案 36 个,具体见表 3-49。

表 3-49 模型模拟方案一览表

	情景一	情景二	情景三
丰水年	汛期最丰月	汛期最丰月	汛期最丰月
	汛期最枯月	汛期最枯月	汛期最枯月
	非汛期最枯月	非汛期最枯月	非汛期最枯月
平水年	汛期最丰月	汛期最丰月	汛期最丰月
	汛期最枯月	汛期最枯月	汛期最枯月
	非汛期最枯月	非汛期最枯月	非汛期最枯月
枯水年	汛期最丰月	汛期最丰月	汛期最丰月
	汛期最枯月	汛期最枯月	汛期最枯月
	非汛期最枯月	非汛期最枯月	非汛期最枯月
特枯水年	汛期最丰月	汛期最丰月	汛期最丰月
	汛期最枯月	汛期最枯月	汛期最枯月
	非汛期最枯月	非汛期最枯月	非汛期最枯月

3.2.4 库库连通引调水结果分析

1. 水库水质模拟结果

1) 老石坎水库

老石坎库区各计算工况不同典型年水质结果见表 3-50,可知老石坎水库在引水工程实施前后污染物浓度变化不大,COD、氨氮浓度在各典型年典型月均达到地表Ⅱ类水的水质要求,三种情景下 TP、TN 浓度在汛期最枯月以及非汛期最枯月浓度较高,不能满足水质要求。情景一(未引水未下泄生态流量)下,水库下泄水量减少导致需要降解的污染物总量增大,从而导致库区TP、TN浓度提高,大部分时段处于超标状态,枯水年汛期最枯月TP、TN浓度分别达到 0.08 mg/L 和 1.11 mg/L。三种情景下 TP、TN 浓度分别为 0.01—0.08 mg/L、0.27—1.11 mg/L,库区总体处于中～富营养状态,三种情景下的营养状态基本相同。

以平水年模拟结果为例,总体来看,在有点源污染汇入区域,污染物浓度局部增加。汛期最丰月上游及支流入库流量较大且水质相对较好,对库区污染物浓度有一定的稀释作用;汛期最枯月及非汛期最枯月水量较小,污染物浓度有所升高。情景一(未引水未下泄生态流量)和情景二(未引水下泄生态流量)下,水库污染物浓度主要受上游入流和支流入流的污染物浓度影响;情景三(引水工程实施后)加快了库区的水体交换,一定程度上促进了污染物的降解扩散,引水口附近污染物浓度有所降低。

2) 赋石水库

赋石库区各计算工况不同典型年水质结果见表 3-51,可知赋石水库在各典型年的最丰月和最枯月 COD、氨氮、TP 浓度较低,均可满足地表Ⅱ类水水质要求。情景一(未引水未下泄生态流量)下,TN 浓度除丰水年汛期最枯、最丰月、平水年汛期最丰月以及枯水年汛期最丰月,其余月份均不满足地表Ⅱ类水水质要求;情景二(未引水下泄生态流量)下,丰水年非汛期最枯月、平水年最枯月以及特枯水年 TN 浓度均超标,浓度最高达 0.67 mg/L,为地表Ⅲ类水质;情景三(引水工程实施后)下,受老石坎水库调水水量和水质的影响,库区水质污染物浓度有所降低。三种情况下赋石水库的 TP、TN 浓度分别为 0.002 7—0.03 mg/L、0.04—0.82 mg/L,库区总体处于中～富营养状态,三种情景下的营养状态基本相同。

以平水年为例,总体来看,在有点源污染汇入区域,污染物浓度局部增加。情景一(未引水未下泄生态流量)、情景二(未引水下泄生态流量)下,库区污染物浓度主要受上游和支流的来水量及水质情况影响;情景三(引水工程实施后)下,在最枯月引水口污染物浓度提高,主要是老石坎水库在最枯月情况下水质状况相对较差,其来水对赋石水库水质造成一定影响。

表 3-50　老石坎库区各计算工况不同典型年水质结果一览表　　　　　　　　　　　　　单位：mg/L

断面名称	工况	情景一 COD	情景一 氨氮	情景一 TP	情景一 TN	情景二 COD	情景二 氨氮	情景二 TP	情景二 TN	情景三 COD	情景三 氨氮	情景三 TP	情景三 TN	执行标准（Ⅱ类）COD	执行标准（Ⅱ类）氨氮	执行标准（Ⅱ类）TP	执行标准（Ⅱ类）TN
老石坎坝内	丰水年汛期最丰月	2.08	0.01	0.01	0.27	2.48	0.01	0.01	0.27	0.58	0.01	0.01	0.09	15	0.5	0.025	0.5
	丰水年汛期最枯月	6.33	0.11	0.04	0.45	6.42	0.13	0.04	0.44	4.7	0.1	0.04	0.4				
	丰水年非汛期最丰月	7.05	0.13	0.04	0.77	7.24	0.15	0.04	0.73	6.95	0.18	0.06	0.75				
	平水年汛期最丰月	3.92	0.01	0.01	0.32	3.99	0.02	0.01	0.31	2.08	0.01	0.01	0.25				
	平水年汛期最枯月	7.28	0.11	0.04	0.82	7.32	0.12	0.04	0.78	7.38	0.04	0.05	0.65				
	平水年非汛期最丰月	7.48	0.01	0.01	0.99	7.48	0.01	0.01	0.99	7.49	0.02	0.01	0.99				
	枯水年汛期最丰月	4.59	0.01	0.01	0.56	4.61	0.01	0.01	0.44	4.06	0.01	0.02	0.41				
	枯水年汛期最枯月	8.54	0.1	0.08	1.11	9.89	0.2	0.07	0.97	11.9	0.06	0.08	0.95				
	枯水年非汛期最丰月	4.92	0.11	0.03	0.41	5.12	0.12	0.03	0.39	3.05	0.09	0.03	0.28				
	特枯水年汛期最丰月	6.59	0.02	0.03	0.8	6.24	0.04	0.03	0.62	6.07	0.03	0.04	0.53				
	特枯水年汛期最枯月	7.62	0.14	0.05	0.87	8.3	0.19	0.05	0.81	7.23	0.17	0.06	0.83				
	特枯水年非汛期最丰月	7.45	0.09	0.07	1.04	7.24	0.12	0.06	0.85	8.37	0.16	0.07	1.04				

表 3-51　赋石库区各计算工况不同典型年水质结果一览表

单位：mg/L

断面名称	工况	情景一 COD	情景一 氨氮	情景一 TP	情景一 TN	情景二 COD	情景二 氨氮	情景二 TP	情景二 TN	情景三 COD	情景三 氨氮	情景三 TP	情景三 TN	执行标准（Ⅱ类）COD	执行标准（Ⅱ类）氨氮	执行标准（Ⅱ类）TP	执行标准（Ⅱ类）TN
赋石水库	丰水年汛期最丰月	1.47	0.02	0.01	0.12	0.7	0.01	0	0.04	0.67	0.01	0.01	0.04	15	0.5	0.025	0.5
	丰水年汛期最枯月	3.35	0.01	0.01	0.36	2.39	0.02	0	0.21	2.65	0.03	0.01	0.3				
	丰水年非汛期最枯月	5.25	0.03	0.02	0.62	5.1	0.04	0.02	0.56	5.96	0.06	0.03	0.64				
	平水年汛期最丰月	4.74	0.02	0.01	0.36	4.76	0.01	0.01	0.37	1.83	0	0.01	0.17				
	平水年汛期最枯月	5.13	0.04	0.01	0.75	5.11	0.05	0.01	0.67	4.13	0.03	0.01	0.64				
	平水年非汛期最枯月	4.84	0.01	0.02	0.62	4.84	0.02	0.02	0.62	4.87	0.02	0.02	0.62				
	枯水年汛期最丰月	5.05	0.04	0.01	0.34	5.06	0.02	0.01	0.34	2.69	0.01	0.01	0.37				
	枯水年汛期最枯月	5.27	0.03	0.01	0.82	5.42	0.08	0.02	0.49	5.08	0.07	0.02	0.57				
	枯水年非汛期最枯月	5.3	0.03	0.02	0.51	4.9	0.07	0.01	0.29	3.44	0.03	0.02	0.41				
	特枯水年汛期最丰月	2.21	0.01	0.01	0.82	2.91	0.01	0.01	0.61	1.93	0.01	0.01	0.28				
	特枯水年汛期最枯月	5.4	0.04	0.02	0.75	5.37	0.06	0.02	0.63	3.41	0.04	0.01	0.39				
	特枯水年非汛期最枯月	5.62	0.03	0.02	0.68	5.87	0.05	0.02	0.63	7.16	0.06	0.03	0.58				

2. 下游河道水质模拟结果

1) 污染物沿程分析

(1) COD

塘浦、荆湾两个断面为国控断面，要求断面水质需满足地表Ⅲ类水水质标准。以平水年污染物沿程分布为例（下同），情景一、二、三下赋石坝址至下游出口断面COD浓度沿程分布见图3-33—图3-35，平水年典型月各工况COD浓度沿程分布见图3-36—图3-38，可知，塘浦、荆湾两个国控断面COD浓度可达到地表Ⅲ类水水质要求。COD浓度在南溪、西溪汇合口突增，在汛期最枯月和非汛期最枯月上升最为明显。在距离赋石坝址20 km左右，浒溪汇入西苕溪干流，浒溪穿过安吉县城，径流量大的同时本身携带的污染物浓度也高，所以在汇合口下游COD浓度显著增加，在下游2 km左右之后由于污染物的混合扩散作用和水体自身的降解作用，COD浓度开始逐渐降低。在距离赋石坝址39 km处，浑泥港汇入导致COD浓度升高。

同样以平水年为例，情景一（未引水未下泄生态流量）、情景二（未引水下泄生态流量）和情景三（引水工程实施后）各典型月COD浓度沿程变化均能满足水功能区的水质要求。其中汛期最丰月，河道水量丰盈同时上游水库下泄水量较大，COD浓度较非汛期最枯月低；非汛期最枯月情景一工况下，赋石水库未下泄生态流量且河道枯水期水量极少，COD浓度较高且不稳定。

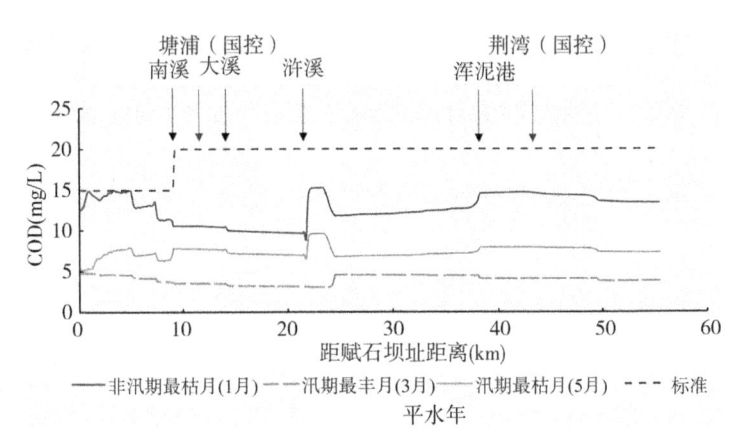

图3-33 情景一（未引水未下泄生态流量）赋石坝址至下游出口断面COD浓度沿程分布图

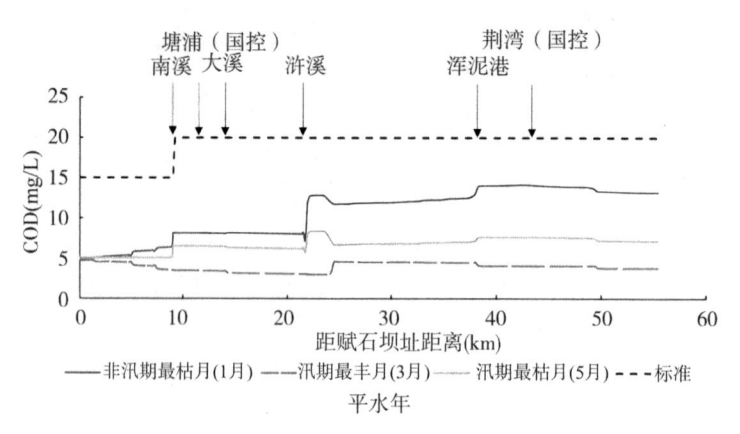

图 3-34　情景二(未引水下泄生态流量)赋石坝址至下游出口断面 COD 浓度沿程分布图

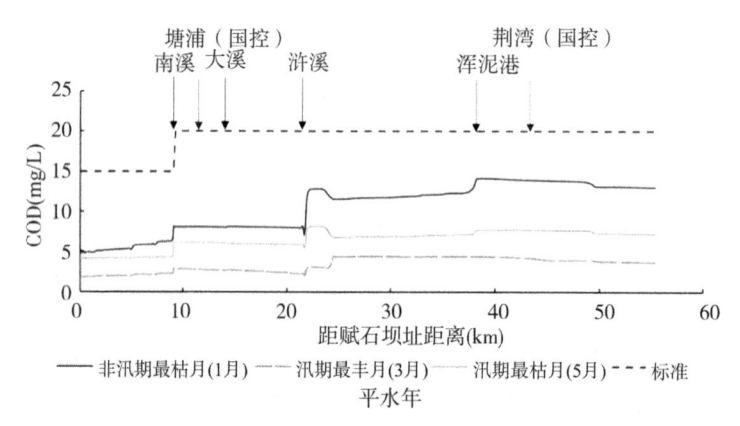

图 3-35　情景三(引水工程实施后)赋石坝址至下游出口断面 COD 浓度沿程分布图

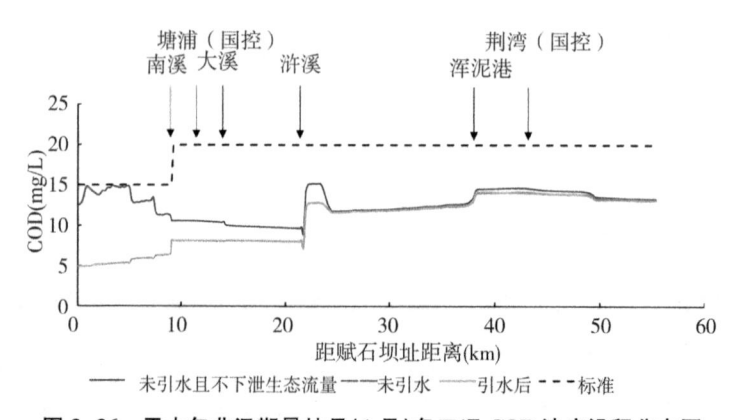

图 3-36　平水年非汛期最枯月(1月)各工况 COD 浓度沿程分布图

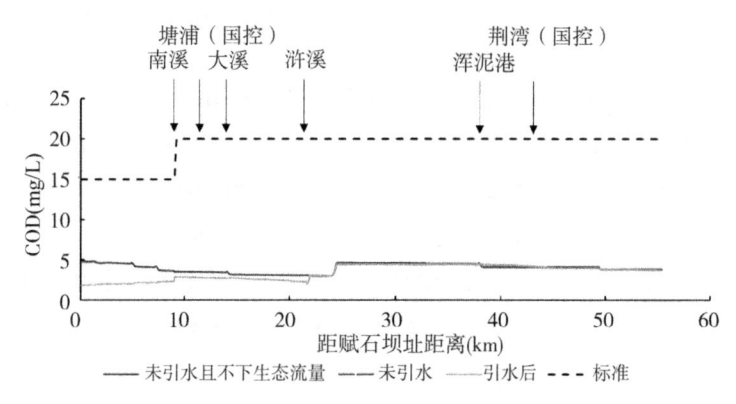

图 3-37 平水年汛期最丰月(3月)各工况 COD 浓度沿程分布图

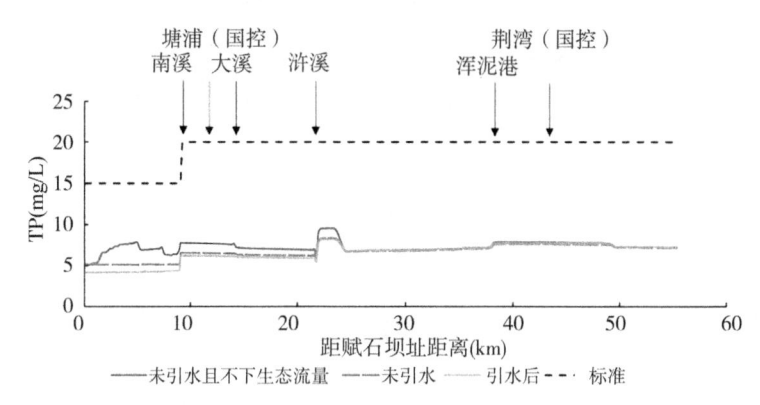

图 3-38 平水年汛期最枯月(5月)各工况 COD 浓度沿程分布图

(2) 氨氮

情景一、二、三下赋石坝址至下游出口断面氨氮浓度沿程分布见图 3-39—图 3-41,平水年典型月各工况氨氮浓度沿程分布见图 3-42—图 3-44,可知情景二(未引水下泄生态流量)和情景三(引水工程实施后)下,塘浦、荆湾两个国控断面氨氮浓度均可满足地表Ⅲ类水水质要求。情景一(未引水未下泄生态流量)下,从赋石坝址至下游 10 km 左右处,汛期最枯月和非汛期最枯月的氨氮浓度存在不同程度超Ⅱ类水质标准且变化幅度较大,最大浓度分别达 0.635 mg/L 和 1.858 mg/L,主要原因为水库下泄水量较少,同时区间点源污染的汇入增加了污染物的浓度。在距离赋石坝址 20 km 左右,浒溪汇入西苕溪干流,浒溪作为安吉县城的主要河流携带的污染物浓度较高,所以在汇合口下游氨氮浓度显著增加,在下游 2 km 左右之后由于污染物的混合扩散作用和水体自身的降解作用,氨氮浓度开始逐渐降低。在距离赋石坝址 39 km 处,浑泥港汇入导致氨氮浓度升高。

以平水年氨氮浓度为例,三种工况中,情景二(未引水下泄生态流量)和情景三(引水工程实施后)下,氨氮浓度沿程变化均能满足水功能区的要求。情景一(未引水未下泄生态流量)下,汛期最丰月氨氮浓度沿程变化满足水功能区水质要求;汛期最枯月氨氮浓度从坝址下游 2.3 km 至 7.2 km 处均不达标,非汛期最枯月西溪段河道氨氮浓度不达标,主要原因在于水库下泄流量减少、赋石灌渠灌溉取走大部分水量且西溪段在汛期最枯月汇入的点源污染浓度较大。

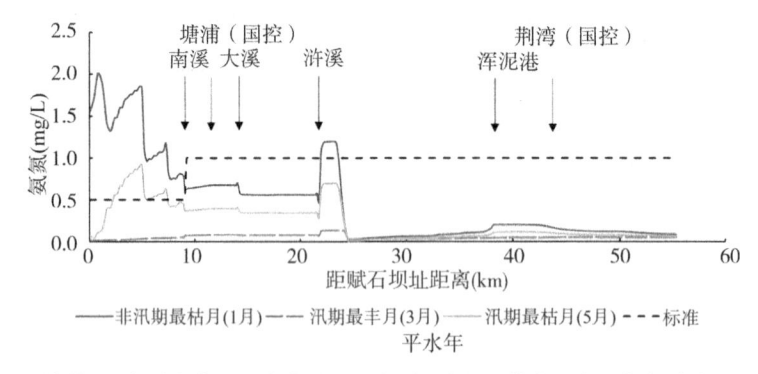

图 3-39　情景一(未引水未下泄生态流量)赋石坝址至下游出口断面氨氮浓度沿程分布图

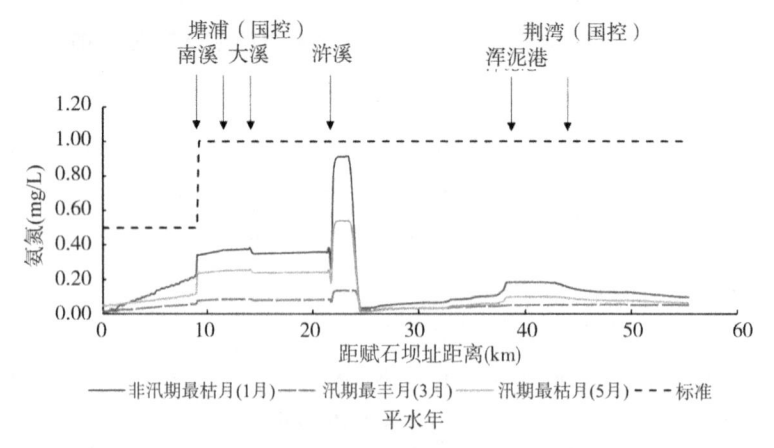

图 3-40　情景二(未引水下泄生态流量)赋石坝址至下游出口断面氨氮浓度沿程分布图

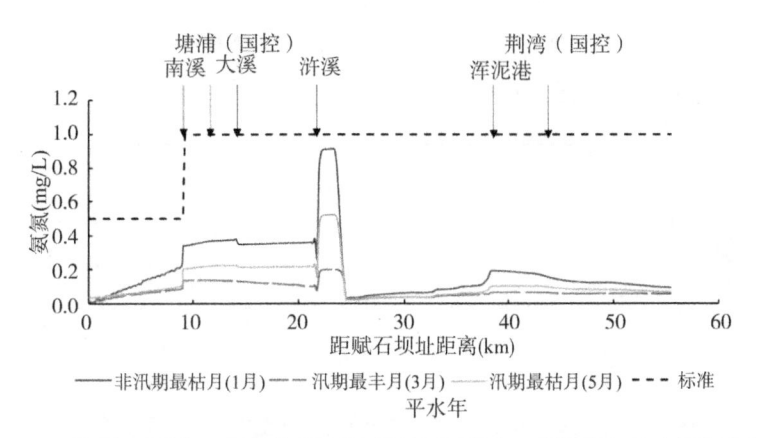

图 3-41 情景三(引水工程实施后)赋石坝址至下游出口断面氨氮浓度沿程分布图

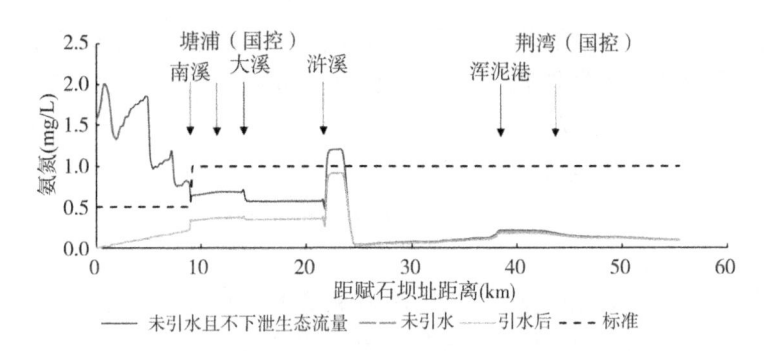

图 3-42 平水年非汛期最枯月(1月)各工况氨氮浓度沿程分布图

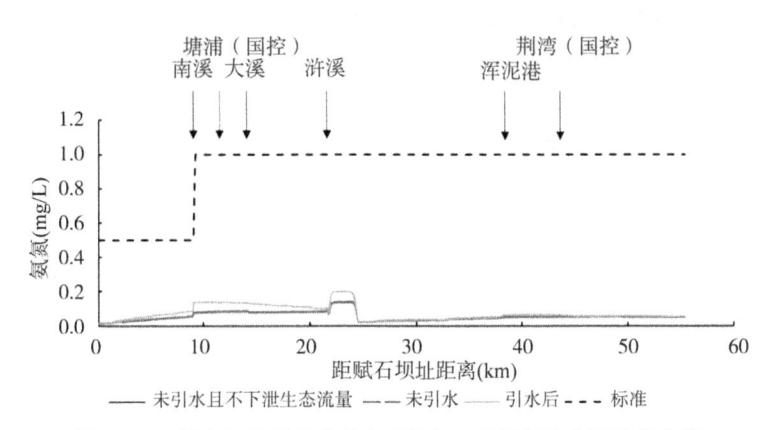

图 3-43 平水年汛期最丰月(3月)各工况氨氮浓度沿程分布图

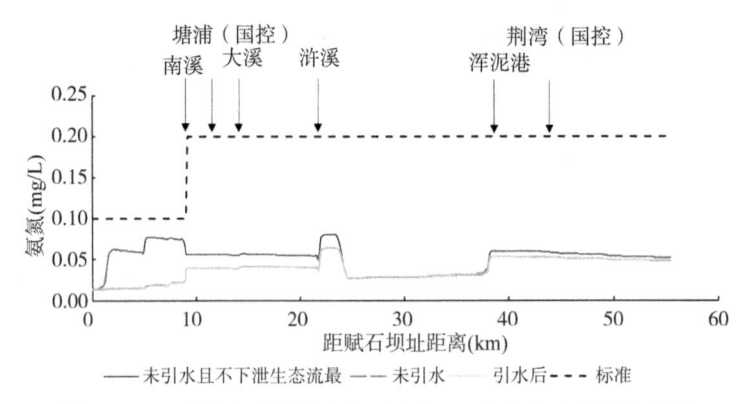

图 3-44　平水年汛期最枯月(5月)各工况氨氮浓度沿程分布图

(3) TP

情景一、二、三下赋石坝址至下游出口断面 TP 浓度沿程分布见图3-45—图 3-47,平水年典型月各工况 TP 浓度沿程分布见图 3-48—图 3-50,可知情景二(未引水下泄生态流量)和情景三(引水工程实施后)下,塘浦、荆湾两个国控断面 TP 浓度均能满足地表Ⅲ类水水质要求。情景一(未引水未下泄生态流量)下,非汛期最枯月 TP 浓度从赋石坝址 0.7 km 处至下游 10 km 处均超标,最大浓度达 0.184 mg/L。

TP 浓度在南溪、西溪汇合口突增,在距离赋石坝址 20 km 左右,浒溪汇入西苕溪干流,浒溪作为安吉县城的主要河流携带的污染物浓度较高,所以在汇合口下游 TP 浓度显著增加,在下游 2 km 左右之后由于污染物的混合扩散作用和水体自身的降解作用,TP 浓度开始逐渐降低。在距离赋石坝址处 39 km 处,浑泥港汇入导致 TP 浓度升高。

以平水年 TP 浓度为例,三种工况中,情景二(未引水下泄生态流量)和情景三(引水工程实施后)下,TP 浓度沿程变化均能满足水功能区的水质要求。情景一(未引水未下泄生态流量)下,汛期最丰月和汛期最枯月 TP 浓度沿程变化能满足水功能区水质要求;非汛期最枯月 TP 浓度从坝址下游 0.7 km 左右处至距坝址 10 km 处均不达标,主要原因在于水库下泄流量较小且西溪段在汛期最枯月汇入的点源污染浓度较大。

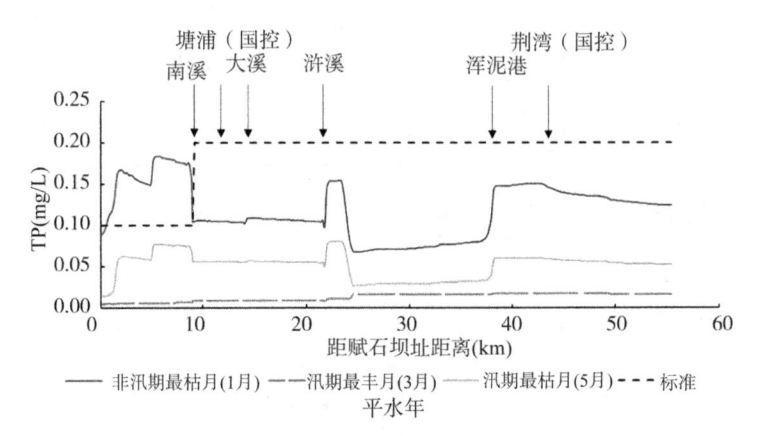

图 3-45 情景一(未引水未下泄生态流量)赋石坝址至下游出口断面 TP 浓度沿程分布图

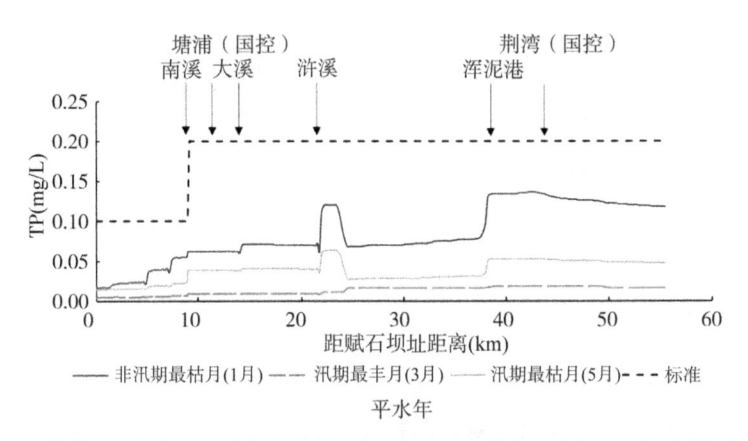

图 3-46 情景二(未引水下泄生态流量)赋石坝址至下游出口断面 TP 浓度沿程分布图

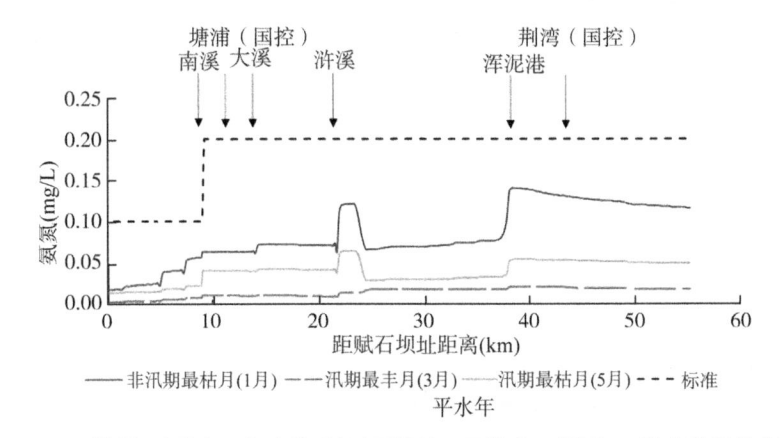

图 3-47 情景三(引水工程实施后)赋石坝址至下游出口断面 TP 浓度沿程分布图

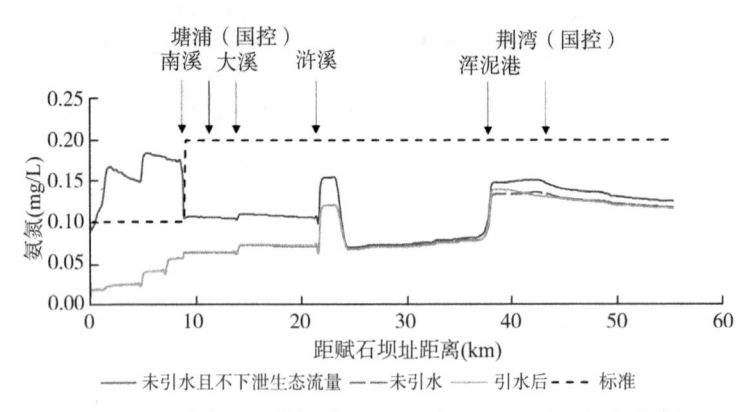

图 3-48　平水年非汛期最枯月(1月)各工况 TP 浓度沿程分布图

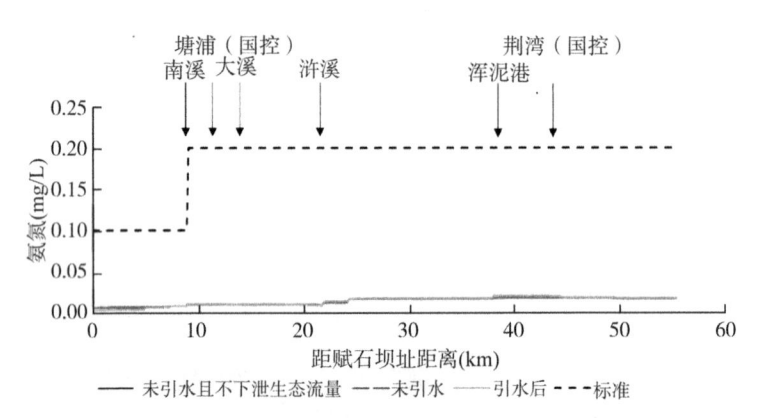

图 3-49　平水年汛期最丰月(3月)各工况 TP 浓度沿程分布图

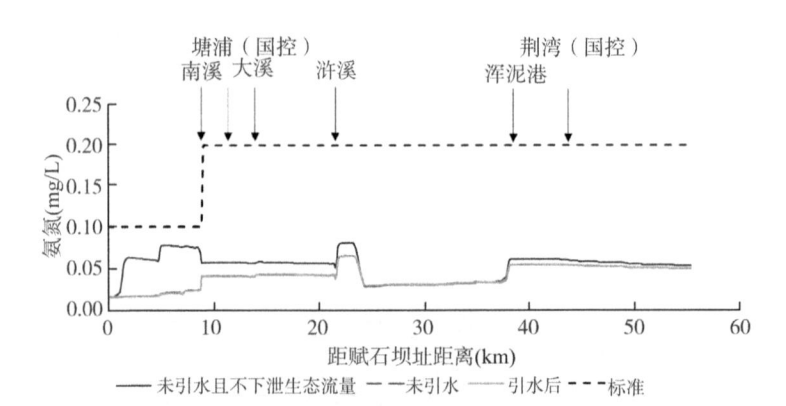

图 3-50　平水年汛期最枯月(5月)各工况 TP 浓度沿程分布图

2) 典型断面水质影响预测

共选取孝丰大桥断面、赤坞断面、塘浦断面、荆湾断面四个断面来进行水质分析，各断面位置见图 3-51。

图 3-51 典型断面位置图

(1) 孝丰大桥断面

孝丰大桥断面位于南溪，属县控断面，执行Ⅲ类地表水环境质量标准，其水质情况主要受上游老石坎水库下泄水量水质以及孝丰镇农业径流污染影响。不同工况下孝丰大桥断面污染物浓度见表 3-52，可知，情景一（未引水未下泄生态流量）、情景二（未引水下泄生态流量）和情景三（引水工程实施后）下，断面水质均达到Ⅲ类标准。情景三（引水工程实施后）较情景一（未引水未下泄生态流量）增加了生态流量的下泄，水质有所改善；较情景二（未引水下泄生态流量）水库下泄水量减少，对枯水年汛期最枯月影响较为明显，COD、氨氮和 TP 浓度增加。

(2) 赤坞断面

不同工况下赤坞断面污染物浓度见表 3-53，赤坞断面位于西溪，属市控断面,执行Ⅱ类地表水环境质量标准,情景二(未引水下泄生态流量)和情景三(引水工程实施后)下,断面水质均达标。情景一(未引水未下泄生态流量)下,平水年非汛期最枯月氨氮浓度1.858 mg/L,超过该断面执行Ⅱ类水质标准。赤坞断面在赋石灌渠取水位置上游,非汛期最枯月灌渠大量取水导致河段水量减少,从而导致污染物累积,浓度增加超过水质标准。情景三(引水工程实施后)较情景一(未引水未下泄生态流量)水质有所改善。

(3) 塘浦断面

不同工况下塘浦断面污染物浓度见表3-54,塘浦断面位于西苕溪干流,南溪西溪汇合口下游,属国控断面,属三类水功能区,水质目标为Ⅱ类。

情景二(未引水下泄生态流量)和情景三(引水工程实施后)下,污染物浓度均满足三类水功能区的水质要求。情景一(未引水未下泄生态流量)下,丰水年汛期最枯月氨氮浓度0.538 mg/L,不满足地表Ⅱ类水水质标准,平水年非汛期最枯月氨氮和TP超Ⅱ类标准,枯水年非汛期最枯月氨氮和TP超Ⅱ类标准,特枯水年汛期最枯月COD、氨氮、TP超Ⅱ类标准;情景二(未引水下泄生态流量)在特枯水年汛期最枯月氨氮超Ⅱ类标准;情景三(引水工程实施后)特枯水年汛期最枯月氨氮超Ⅱ类标准。总体上看,情景一(未引水且不下泄生态流量)工况下断面整体水质较差,缺少必要的生态流量导致河道水量少,污染物浓度大;情景二与情景三尽管在特枯水年汛期最枯月氨氮浓度超标,工程实施后河道水质略有变差,但总体满足要求,属于可控范围之内。

(4) 荆湾断面

不同工况下荆湾断面污染物浓度见表3-55,荆湾断面位于西苕溪干流,属国控断面,属三类水功能区,水质目标为Ⅱ类。

情景一(未引水未下泄生态流量)、情景二(未引水下泄生态流量)和情景三(引水工程实施后)下,断面水质均达到三类水功能区水质要求。情景一(未引水未下泄生态流量)在平水年非汛期最枯月、枯水年非汛期最枯月TP超Ⅱ类标准,特枯水年COD、TP超Ⅱ类标准。情景二(未引水下泄生态流量)和情景三(引水工程实施后)下,COD、氨氮浓度均能满足地表水Ⅱ类水质要求,TP在平水年非汛期最枯月超Ⅱ类标准。情景三(引水工程实施后)水质较情景一(未引水未下泄生态流量)有明显改善,较情景二(未引水下泄生态流量)略有变差。荆湾断面位于模型较下游,其水质状况受浑泥港汇入的污染源以及下游太湖水位及水质的影响较大,因此三种情景下污染物浓度差异不明显。

表3-52 不同工况下孝丰大桥断面污染物浓度一览表

单位:mg/L

断面名称	控制级别	工况	情景一 COD	情景一 氨氮	情景一 TP	情景二 COD	情景二 氨氮	情景二 TP	情景三 COD	情景三 氨氮	情景三 TP	执行标准（Ⅲ类）COD	执行标准（Ⅲ类）氨氮	执行标准（Ⅲ类）TP
孝丰大桥	县控	丰水年汛期最丰月	2.07	0.034	0.005	2.414	0.038	0.006	0.828	0.035	0.004	20	1	0.2
		丰水年汛期最枯月	7.799	0.326	0.049	6.88	0.339	0.051	7.764	0.441	0.06			
		丰水年非汛期最枯月	6.728	0.269	0.043	7.872	0.213	0.044	6.581	0.23	0.057			
		平水年汛期最丰月	3.595	0.063	0.01	6.642	0.065	0.01	2.972	0.13	0.01			
		平水年汛期最枯月	7.682	0.275	0.048	7.678	0.276	0.048	7.719	0.215	0.052			
		平水年非汛期最枯月	9.735	0.5	0.07	8.767	0.322	0.049	8.773	0.323	0.05			
		枯水年汛期最丰月	5.043	0.156	0.014	5.785	0.352	0.022	5.553	0.353	0.023			
		枯水年汛期最枯月	8.376	0.419	0.055	9.271	0.279	0.067	10.711	0.178	0.078			
		枯水年非汛期最枯月	9.899	0.71	0.098	6.772	0.34	0.057	5.536	0.322	0.058			
		特枯水年汛期最丰月	6.769	0.157	0.029	6.538	0.183	0.03	6.731	0.272	0.037			
		特枯水年汛期最枯月	12.517	0.714	0.062	10.751	0.492	0.061	11.056	0.608	0.07			
		特枯水年非汛期最枯月	7.264	0.246	0.05	7.132	0.277	0.055	7.803	0.301	0.068			

表 3-53 不同工况下赤坞断面污染物浓度一览表

单位：mg/L

断面名称	控制级别	工况	情景一 COD	情景一 氨氮	情景一 TP	情景二 COD	情景二 氨氮	情景二 TP	情景三 COD	情景三 氨氮	情景三 TP	执行标准（Ⅱ类）COD	执行标准（Ⅱ类）氨氮	执行标准（Ⅱ类）TP
赤坞	市控	丰水年汛期最丰月	1.47	0.018	0.002	0.704	0.014	0.002	0.672	0.013	0.003	15	0.5	0.1
		丰水年汛期最枯月	3.37	0.007	0.018	2.404	0.006	0.002	2.611	0.036	0.01			
		丰水年非汛期最枯月	5.272	0.029	0.002	5.074	0.038	0.018	5.786	0.058	0.027			
		平水年汛期最丰月	4.747	0.015	0.005	4.772	0.014	0.005	1.837	0.005	0.002			
		平水年汛期最枯月	5.151	0.047	0.014	5.097	0.049	0.014	4.123	0.032	0.013			
		平水年非汛期最枯月	13.036	1.713	0.096	4.867	0.007	0.016	4.877	0.007	0.017			
		枯水年汛期最丰月	5.25	0.483	0.012	5.06	0.021	0.006	2.707	0.013	0.005			
		枯水年汛期最枯月	5.372	0.036	0.015	5.406	0.084	0.016	4.97	0.064	0.019			
		枯水年非汛期最枯月	5.293	0.035	0.016	4.898	0.069	0.015	3.436	0.029	0.018			
		特枯水年汛期最丰月	2.22	0.006	0.012	2.899	0.003	0.014	1.935	0.004	0.011			
		特枯水年汛期最枯月	5.444	0.047	0.017	5.365	0.066	0.017	3.341	0.035	0.014			
		特枯水年非汛期最枯月	5.659	0.031	0.018	5.855	0.049	0.02	6.454	0.038	0.025			

第3章 基于河库连通的山丘型城市引调水实践

表 3-54 不同工况下塘浦断面污染物浓度一览表

单位:mg/L

断面名称	控制级别	工况	情景一 COD	情景一 氨氮	情景一 TP	情景二 COD	情景二 氨氮	情景二 TP	情景三 COD	情景三 氨氮	情景三 TP	执行标准(Ⅱ类) COD	执行标准(Ⅱ类) 氨氮	执行标准(Ⅱ类) TP
塘浦	国控	丰水年汛期最丰月	1.818	0.051	0.005	1.865	0.054	0.006	0.933	0.051	0.005	15	0.5	0.1
		丰水年汛期最枯月	9.209	0.538	0.071	7.248	0.394	0.052	7.186	0.456	0.059			
		丰水年非汛期最枯月	5.996	0.299	0.041	5.823	0.181	0.035	5.903	0.197	0.044			
		平水年汛期最丰月	3.479	0.081	0.009	3.462	0.085	0.009	2.77	0.136	0.01			
		平水年汛期最枯月	7.735	0.396	0.056	6.522	0.251	0.039	6.15	0.22	0.04			
		平水年非汛期最枯月	10.575	0.681	0.105	8.125	0.368	0.062	8.13	0.368	0.063			
		枯水年汛期最丰月	4.93	0.266	0.018	5.143	0.319	0.02	4.557	0.318	0.02			
		枯水年汛期最枯月	7.185	0.465	0.055	6.835	0.224	0.042	7.088	0.176	0.047			
		枯水年非汛期最枯月	11.886	0.858	0.138	7.579	0.399	0.068	6.598	0.378	0.07			
		特枯水年汛期最丰月	6.371	0.277	0.029	5.453	0.24	0.026	5.008	0.286	0.027			
		特枯水年汛期最枯月	21.495	1.643	0.112	11.251	0.624	0.058	10.569	0.675	0.059			
		特枯水年非汛期最枯月	7.012	0.353	0.055	6.533	0.278	0.047	7.181	0.341	0.06			

表 3-55　不同工况下荆湾断面污染物浓度一览表　　　　　　　　　　　　　　单位：mg/L

断面名称	控制级别	工况	情景一 COD	情景一 氨氮	情景一 TP	情景二 COD	情景二 氨氮	情景二 TP	情景三 COD	情景三 氨氮	情景三 TP	执行标准（Ⅱ类）COD	执行标准（Ⅱ类）氨氮	执行标准（Ⅱ类）TP
荆湾	国控	丰水年汛期最丰月	3.626	0.04	0.015	3.538	0.04	0.015	3.43	0.041	0.015	15	0.5	0.1
		丰水年汛期最枯月	7.572	0.148	0.06	7.444	0.143	0.058	7.629	0.047	0.061			
		丰水年非汛期最枯月	6.45	0.054	0.048	6.545	0.047	0.043	6.577	0.15	0.044			
		平水年汛期最丰月	4.05	0.052	0.017	4.1	0.053	0.018	4.231	0.063	0.02			
		平水年非汛期最枯月	7.917	0.113	0.06	7.646	0.099	0.053	7.73	0.099	0.053			
		平水年汛期最枯月	14.676	0.191	0.15	14.145	0.175	0.135	13.957	0.169	0.131			
		枯水年汛期最丰月	6.702	0.125	0.036	6.652	0.13	0.036	6.616	0.13	0.037			
		枯水年汛期最枯月	7.504	0.105	0.056	7.553	0.084	0.048	7.613	0.084	0.049			
		枯水年非汛期最枯月	10.08	0.161	0.115	9.389	0.146	0.099	9.581	0.146	0.1			
		特枯水年汛期最丰月	7.32	0.136	0.038	7.207	0.136	0.037	7.244	0.144	0.039			
		特枯水年汛期最枯月	15.716	0.439	0.111	12.496	0.333	0.079	13.144	0.359	0.087			
		特枯水年非汛期最枯月	8.364	0.12	0.063	8.225	0.111	0.058	8.332	0.116	0.061			

第4章
基于多源补水的山丘平原混合型城市活水实践

4.1 海曙区概况

4.1.1 自然地理

宁波市海曙区地处浙江东部、杭州湾南侧、宁绍平原东部、宁波市中部，地势西高东低，东临鄞州区，南连奉化区，西接余姚市，北毗江北区。辖区东部奉化江自南向北，北部姚江自西向东，在三江口汇合为甬江，西部、南部为四明山脉，两江与山脉之间为平原。海曙区东西长 40.8 km，南北宽 24.6 km，总面积 595.5 km²。其中西部为山丘区，面积为 334 km²，约占总面积的 56%；东部平原区为 225 km²，约占总面积的 38%；水域面积为 36.5 km²，约占总面积的 6%。海曙区地形条件见图 4-1。

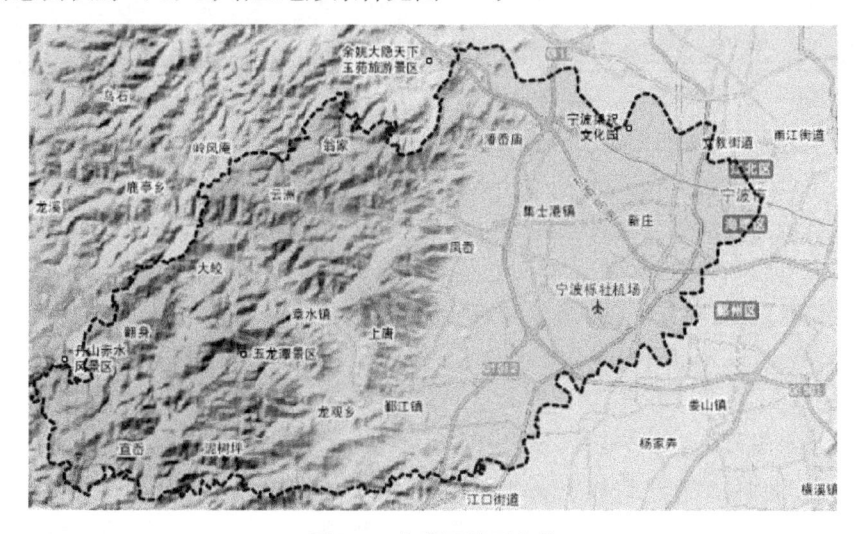

图 4-1 海曙区地形条件

4.1.2 水文气象

海曙地处宁绍平原，纬度适中，属亚热带湿润季风气候，温和湿润，光照充足，雨量丰沛，冬夏季风交替明显。海曙四季分明，冬夏季长达4个月，春秋季仅约2个月。一般是3月第六候入春，6月第一候进夏，9月第六候入秋，11月第六候入冬。冬季受蒙古高压冷气团控制，盛行西北风，以晴冷天气为主，是低温少雨季节。春季大陆冷高压气团逐渐衰退，西南暖湿气流增强，与络绎南下的冷空气频频遭遇，雨水增多，形成绵绵春雨；3—5月间出现"桃花汛"或称"春汛"；夏初6、7月间，暖湿气流与大陆高压在长江中下游一带对峙形成锋面，冷暖空气相持，阴雨天气较多，习称"梅雨季"，是主要雨季之一；夏季(7—9月)受太平洋副热带高压控制，盛行偏南风，以晴热天气为主，局部地区多雷阵雨；盛夏及初中秋(8—9月)易受台风(热带气旋)活动影响，常有大风暴雨出现，是主要雨季。秋季太平洋副热带高压逐渐衰退，大陆高压逐渐发展，北方冷空气络绎南下，形成"秋高气爽"的稳定天气；有时也因极锋处于半静止状态，形成连绵的"秋风秋雨"。区域所处纬度常受冷暖气团交汇影响，加之倚山靠海，特定的地理位置和自然环境使各地天气多变，差异明显，灾害性天气相对频繁，海曙主要灾害性天气有低温连阴雨、干旱、台风、暴雨洪涝、冰雹、雷雨大风、霜冻、寒潮等。但同时也形成了多样的气候类型，给发展多种经营提供了有利的自然条件。

海曙多年平均气温16.4 ℃，平均气温以七月份为最高，达28.8 ℃，极端气温最高41.2 ℃，最低−10 ℃。全年无霜期一般为230天至240天，作物生长期300天。全区多年平均降雨量在1 300—1 400 mm之间，降雨量空间分布不均匀，东北及东部滨海平原较小，西南部山区大，由东北向西南方向递增，并随高程的增加而增加。主要雨季有3—6月的春雨连梅雨和8—9月的台风雨及秋雨，主汛期5—9月的降水量约占全年的60%。

当地水位变化与自然条件、人为调控关系密切。河流、湖泊、水库水位随河道流量和湖、库蓄水量大小而变化。海曙区河网、湖泊、水库蓄水标准，根据"春蓄、夏用、秋滞洪、冬修理"原则制订。春季抓住春汛、梅汛多雨特点多蓄水，河流、水库、湖泊水位由低向高变化。其中梅季因考虑"梅暴"带来"梅涝"的危害，进行水位控制。夏季是农业和社会用水高峰，又有一段伏旱期，随着用水需要，蓄容量减少，水位逐渐下降。秋季是台风季节，为滞洪需要，对河网、湖泊、水库进行控制蓄水，将水位控制在一定高程，当出现台风暴雨产生直接危害时，蓄水工程通过未洪先排，腾出一部分库容提高滞洪能力。

所以这一时期水位变化较大。冬季一般处于低水位状态,相对较为稳定,但有时因工程维修、河道疏浚临时腾空或降低水位。

4.1.3 河网水系

海曙平原水系平原汇水东至鄞江—奉化江左岸,西至姚江水系分水岭,北至姚江左岸,流域总面积 312 km²。

由于海曙区独特的地形特点,境内水系大致可分为水库山塘、山区溪坑及平原河道三大类。共有水库 24 座,其中大型水库 2 座(周公宅、皎口),中型水库 1 座(溪下),小型水库 21 座,山塘 295 座,总库容约为 28 606.03 万 m³,水面面积约 1 012.62 万 m²。山区溪坑 17 条,总长度约为 118.89 km,水面面积约为 254.02 万 m²。海曙区河网密布,水系发达,共有平原河网 481 条,总长度 770.59 km,水域面积约为 1 327 万 m²。在各平原河道中,市级河道有姚江、奉化江、鄞江、剡江、西塘河、南塘河 6 条,总长 104.39 km;区级河道 14 条,总长 104.92 km;其余均为镇村级河道。主要排涝水闸有保丰闸、澄浪碶、段塘碶、下陈闸、水菱池碶、风棚碶等。海曙区河网水系分布见图 4-2。

图 4-2 海曙区河网水系图

海曙区河网为海曙平原河网,属河网平原区。海曙平原的洪涝水大部分向东通过奉化江沿岸闸碶排入外江,部分向北通过姚江排出。

海曙平原河网以凤岙市河—前塘河—南新塘河为界划为两片,以北为海西片河网水系,以南为海西南片河网水系。凤岙市河、前塘河与南新塘河归入海西片河网水系。

海曙平原河道纵横交错,经过多年整改,排水干河已形成"五横五纵"框架。纵向主干河道框架有沿山河排水系统(湖泊河—梅梁桥河—小溪港)、蟹堰碶河排水系统(大西坝河—集士港—西洋港河—里龙港)、风棚碶—邵家渡碶排水系统(邵家渡河—风棚碶河)、行春碶—跃进河—五江河排水系统(五江河—跃进河—板桥河)、护城河—北斗河排水系统(护城河—北斗河);横向主干河道框架有南塘河排水系统(南塘河)、千丈镜河排水系统(千丈镜河)、横街镇—屠家堰排水系统(凤岙市河—前塘河—南新塘河—大黄家河)、中塘河排水系统(中塘河)、西塘河排水系统(西塘河)。

1. 海西片主干河道基本情况如下:

1) 湖泊河

湖泊河位于横街镇、集士港镇和高桥镇内,是中塘河和姚江的联系河道,经大西坝进入姚江。湖泊河全长约 10.08 km,现状河道宽 20—50 m 不等,河底高程 1.63——0.71 m。湖泊河是沿山河排水系统的主要组成部分之一。河道主要承担排水和航运功能。

2) 大西坝河

大西坝河位于高桥镇内,是沿山河排水系统和蟹堰碶河排水系统的联系河道,以调节两大排水系统的出江流量。大西坝河全长约 1 km,现状河道宽度约为 30 m,河底高程 -0.57 m。河道主要承担排水和航运功能。

3) 蟹堰碶河

蟹堰碶河位于高桥镇内,全长约 2 km,现状河宽 20 m 左右,河底高程 -1.00 m。蟹堰碶河是蟹堰碶河排水系统的出江河道。河道主要承担排水和航运功能。

4) 集士港河

集士港河位于高桥镇和集士港镇内,横穿杭甬高速公路,是中塘河和后塘河的南北向联系河道,全长约 7.07 km,现状河道宽度 10—20 m 不等。集士港是蟹堰碶河排水系统的组成部分。河道主要承担排水、航运和景观功能。

5) 西洋港(前塘河以北段)

西洋港(前塘河以北段)位于集士港镇内,是前塘河和中塘河的南北向联系通道,全长 2.5 km,现状河道宽度 10—20 m 不等。西洋港(前塘河以北段)是蟹堰碶河排水系统的组成部分。河道主要承担排水、航运功能。

6) 风棚碶河(南新塘河以北段)

风棚碶河(南新塘河以北段)位于集士港镇和古林镇内,是南新塘河和中塘河的联系通道,全长约 3.3 km,现状宽度在 15 m 左右,河底高程 0.10——1.40 m。风棚碶河(南新塘河以北段)是风棚碶—邵家渡碶排水系统的组成部分。河道主要承担排水和景观功能。

7) 布政河

布政河位于古林镇和集士港镇内,是南前塘河和中塘河的联系河道,全长约 4.5 km,现状宽度在 15—20 m,河底高程 0.10——1.40 m。布政河是风棚碶—邵家渡碶排水系统的组成部分。河道主要承担排水和景观功能。

8) 邵家渡河

邵家渡河位于高桥镇和集士港镇内,全长 14 km,现状河宽 12—21 m,河底高程 0.08——1.17 m。邵家渡河是风棚碶—邵家渡碶排水系统的出江河道。河道主要承担排水、航运、景观功能。

9) 叶家碶河

叶家碶河位于高桥镇内,是前塘河、中塘河、后塘河的联系通道,自夏家经施家漕、何家沟通前塘河于龙宫桥处入中塘河,经新桥、叶家出叶家碶入姚江。叶家碶河全长 5.3 km,现状河宽 10—24 m 左右,河底高程 0.23——1.12 m。叶家碶河是行春碶—板桥港—跃进河排水系统的出江河道之一。河道主要承担排水和景观功能。

10) 跃进河

跃进河位于古林镇内,是板桥港和前塘河的联系通道,全长约 4.8 km,现状宽度在 20 m 左右。跃进河是行春碶—板桥港—跃进河排水系统的组成部分。河道主要承担排水和景观功能。

11) 后塘河

后塘河位于高桥镇内,是湖泊河和护城河的联系通道,全长约 11 km,现状河宽 21—44 m,河底高程 −0.56——1.11 m。河道主要承担排水、航运和景观功能。

12) 中塘河

中塘河位于横街镇、集士港镇和高桥镇内,是湖泊河和后塘河的联系通道,全长 10.4 km,现状河宽 21—25 m,河底高程 0.29——0.88 m。河道主要承担排水和航运功能。

13) 前塘河

前塘河位于古林镇和高桥镇,是西洋港、风棚碶河、布政河、叶家碶河、中塘河等河道的联系河道,全长约 12.94 km,现状河宽 30—40 m 左右,河底高程 0.21——0.61 m。前塘河是横街镇—屠家堰排水系统的组成部分。河道主要承担排水功能。

14) 象鉴桥河

象鉴桥河位于高桥镇、古林镇和石碶街道内,是前塘河和南新塘河的联系河道,全长约4.5 km,现状河宽15—35 m左右,河底高程-0.02——0.37 m。河道主要承担排水和景观功能。

15) 板桥港

板桥港位于古林镇和石碶街道内,是南塘河和象鉴桥河的联系河道,全长2.8 km,现状河宽15 m左右,河底高程-0.37 m。河道主要承担排水和景观功能。

16) 庄家溪

庄家溪位于横街镇内,自横溪桥接山水入沙港畈新河,全长2.4 km,现状河宽28 m,河底高程5.0—0.71 m。庄家溪是横街镇—屠家堰排水系统的组成部分。河道主要承担排水功能。

17) 沙港畈新河

沙港畈新河位于横街镇内,是庄家溪和湖泊河的联系河道,全长约1.4 km,现状宽度在15 m左右,河底高程0.72 m。沙港畈新河是横街镇—屠家堰排水系统的组成部分。河道主要承担排水功能。

18) 凤岙市河

凤岙市河位于横街镇内,是中塘河和西洋港的联系河道,全长约2 km,河宽6—20 m左右,河底高程0.38—0.11 m。凤岙市河是横街镇—屠家堰排水系统的组成部分。河道主要承担排水和景观功能。

19) 南新塘河

南新塘河位于古林镇和石碶街道内,自前塘河向东至南塘河,经行春碶进入奉化江,全长8.14 km,现状河宽30 m左右,河底高程-0.02——1.25 m。南新塘河是横街镇—屠家堰排水系统的组成部分。河道主要承担排水和航运功能。

2. 海西南片主干河道基本情况如下:

1) 小溪港

小溪港位于鄞江镇内,是南塘河和千丈镜河的南北向连接河道。全长约5.5 km,现状宽度较窄,8—20 m不等,河底高程1.63——0.71 m。小溪港是沿山河排水系统的主要组成部分之一。河道主要承担排水功能。

2) 梅梁桥河

梅梁桥河位于鄞江镇和横街镇内,是千丈镜河和中塘河的南北向连接河道。全长约 6.6 km,现状宽度较窄,4—20 m 不等,河底高程 1.63——0.71 m。梅梁桥河是沿山河排水系统的主要组成部分之一。河道主要承担排水功能。

3) 西洋港(前塘河以南段)

西洋港(前塘河以南段)位于横街镇和古林镇内,是前塘河和里龙港、照天港的南北向联系河道,全长约 4 km,现状河道宽度 10—20 m 不等。西洋港(前塘河以南段)是蟹堰碶河排水系统的组成部分。河道主要承担排水和航运功能。

4) 里龙港

里龙港位于古林镇和洞桥镇内,是西洋港和南塘河的南北向联系河道,全长约 4.5 km,现状河道宽度 10—30 m 不等。里龙港是蟹堰碶河排水系统的主要组成部分之一。河道主要承担排水功能。

5) 照天港

照天港位于古林镇和洞桥镇内,是西洋港和南塘河的南北向联系河道,全长约 4.6 km,现状河道宽度 20—40 m 不等。照天港是蟹堰碶河排水系统的主要组成部分之一。河道主要承担排水和航运功能。

6) 风棚碶河(南新塘河以南段)

风棚碶河(南新塘河以南段)位于古林镇和石碶街道内,是南新塘河和南塘河的联系河道,全长约 6.7 km,现状宽度在 15 m 左右,河底高程 0.10——1.40 m。风棚碶河(南新塘河以南段)是风棚碶—邵家渡碶排水系统的组成部分。河道主要承担排水和景观功能。

7) 大黄家河

大黄家河位于石碶街道内,自南新塘河至南塘河经屠家堰入奉化江,全长约 4.2 km,现状河宽 20 m 左右,河底高程-0.45——1.68 m。河道主要承担排水功能。

8) 千丈镜河

千丈镜河位于古林镇、石碶街道内,是小溪港、里龙港、风棚碶河、南塘河等河道的联系河道,经水菱池碶进入奉化江,全长 11.0 km,现状河宽 15—30 m 左右,河底高程-0.73——0.84 m。河道主要承担排水功能。

9) 南塘河

南塘河位于鄞江镇、洞桥镇、石碶街道,基本平行奉化江,是海西河道向奉化江泄洪的蓄洪、调节河道。全长 23.2 km,现状河宽 20—39 m 左右,河底高程-0.29——1.80 m。河道主要承担排水和景观功能。

4.2 多源补水的活水目标

以高效利用区域引水水源、科学分配引水流量，充分挖掘水资源利用潜力为目标，充分利用上游各大中小型水库来水及姚江引水作为海曙平原河网区引水水源，合理布局海曙区引配水配套工程，优化调度规则，促进河网水体有序流动、加快水体置换速度，实现配水水源"引得进、流得动、排得出"，主要河道流速不小于 0.05 m/s，力争达到 0.10 m/s，有效提高海曙区水环境容量和水体自净能力。

4.3 海曙研究区水量水质耦合模型构建

4.3.1 模型构建

1. 河段概化

单一河道洪水演进采用一维水动力计算软件模拟，对河道的概化主要为断面划分。在河道形态变化显著的河段和有河道工程处设置断面，采用上下相邻两断面的数据插值加密，获得虚拟的中间断面。一维河网概化结果见图 4-3。

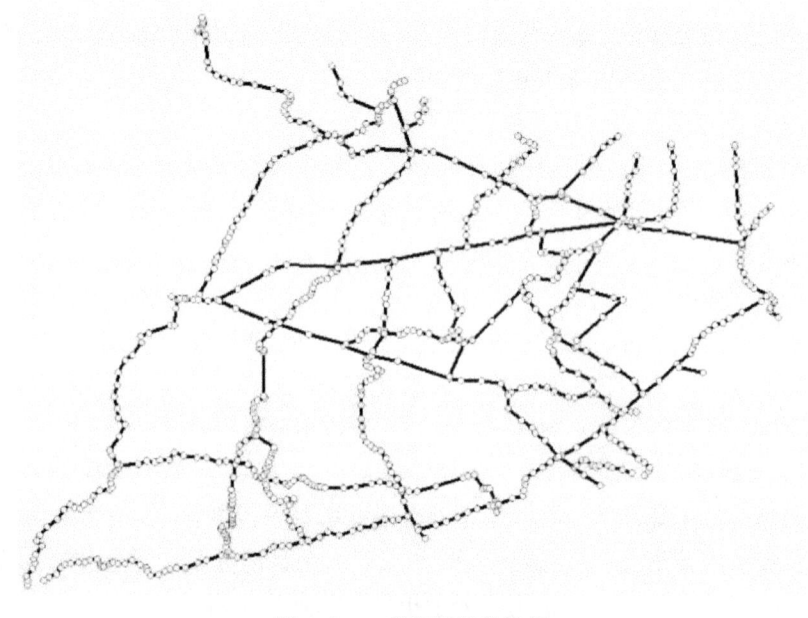

图 4-3 一维河网概化结果

2. 参数取值

根据《水力计算手册(第二版)》对糙率的取值要求,结合计算区域土地利用等情况,对一维河网模型糙率参数进行选取和率定。根据历史相关资料和经验,各河段糙率参数取 0.025—0.035。

3. 边界条件

采用 2 年一遇设计潮位作为模型边界,各闸门潮位过程见表 4-1。

表 4-1　各闸门处潮位表

时段(h)	保丰闸(m)	澄浪碶(m)	段塘碶(m)	行春碶(m)	下陈闸(m)	屠家堰(m)	水菱池碶(m)	风棚(m)
1	2.04	1.95	1.83	1.75	1.69	1.64	1.54	1.76
2	2.10	2.05	1.99	1.94	1.91	1.88	1.83	2.06
3	1.42	1.52	1.62	1.69	1.74	1.77	1.86	2.33
4	0.93	1.07	1.20	1.30	1.37	1.42	1.54	2.13
5	0.65	0.81	0.96	1.06	1.14	1.20	1.32	1.91
6	0.35	0.51	0.67	0.78	0.86	0.92	1.05	1.63
7	0.04	0.21	0.37	0.49	0.58	0.64	0.78	1.37
8	−0.18	−0.01	0.16	0.28	0.37	0.43	0.57	1.14
9	0.21	0.18	0.27	0.33	0.37	0.40	0.47	0.97
10	0.91	0.83	0.74	0.67	0.63	0.60	0.52	0.94
11	1.46	1.37	1.27	1.19	1.14	1.10	1.01	1.17
12	1.82	1.72	1.61	1.53	1.47	1.42	1.33	1.52
13	2.18	2.08	1.96	1.87	1.80	1.75	1.65	1.82
14	2.41	2.35	2.26	2.20	2.16	2.13	2.06	2.27
15	1.92	1.98	2.03	2.07	2.10	2.12	2.17	2.55
16	1.40	1.50	1.61	1.69	1.75	1.79	1.88	2.47
17	1.05	1.17	1.30	1.39	1.45	1.50	1.60	2.16
18	0.78	0.91	1.04	1.13	1.20	1.25	1.36	1.90
19	0.45	0.68	0.82	0.92	0.99	1.04	1.16	1.71
20	0.21	0.52	0.65	0.75	0.82	0.88	0.99	1.55
21	0.15	0.46	0.58	0.67	0.73	0.78	0.88	1.43

续表

时段 (h)	保丰闸 (m)	澄浪碶 (m)	段塘碶 (m)	行春碶 (m)	下陈闸 (m)	屠家堰 (m)	水菱池碶 (m)	风棚 (m)
22	0.71	0.73	0.76	0.78	0.80	0.82	0.84	1.32
23	1.35	1.30	1.20	1.14	1.09	1.05	0.98	1.29
24	1.76	1.71	1.65	1.60	1.56	1.54	1.48	1.63

4.3.2 参数率定

本次选用调水试验全时段实测资料率定模型，模型结果与河网实测水位进行对比。选取北斗河、集士港、段塘、石碶、王家漕、西洋、高桥、望春、黄古林、横街、保丰碶、下陈闸共 12 个站实测逐时水位与模型结果进行对比，实测水位点位置见图 4-4，对比结果见图 4-5—图 4-16。

图 4-4　实测水位点位置示意图

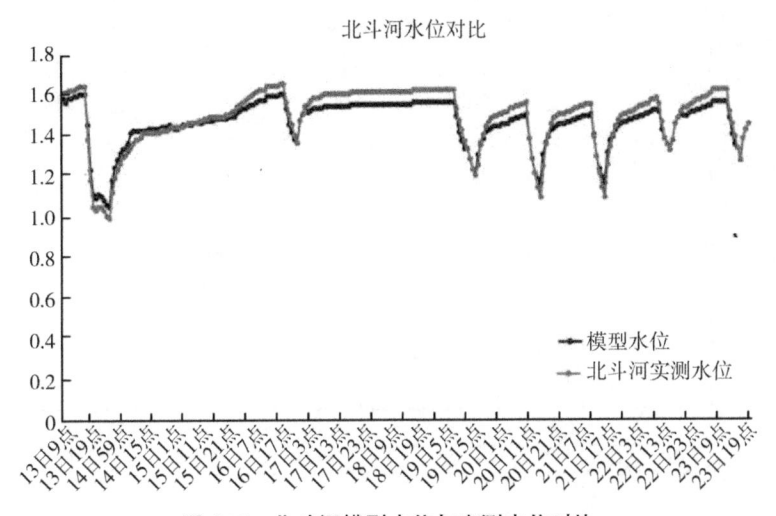

图 4-5 北斗河模型水位与实测水位对比

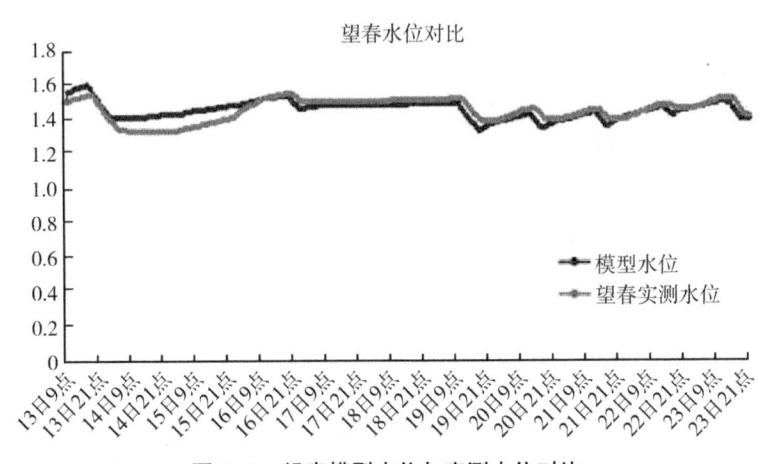

图 4-6 望春模型水位与实测水位对比

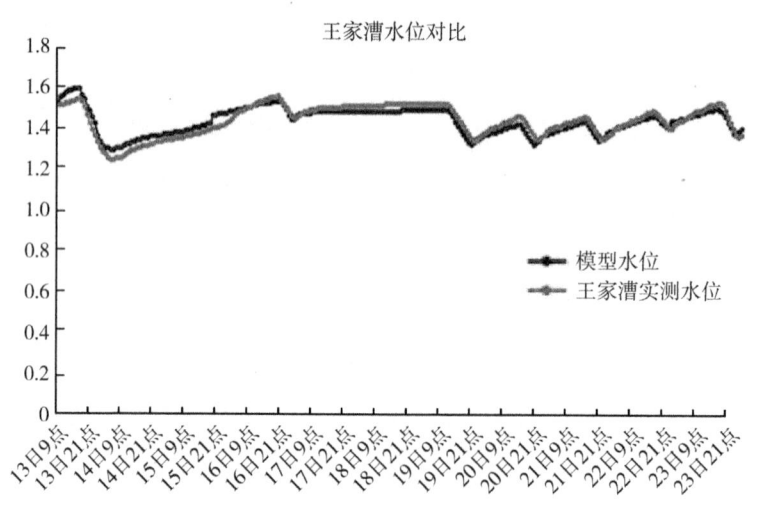

图 4-7 王家漕模型水位与实测水位对比

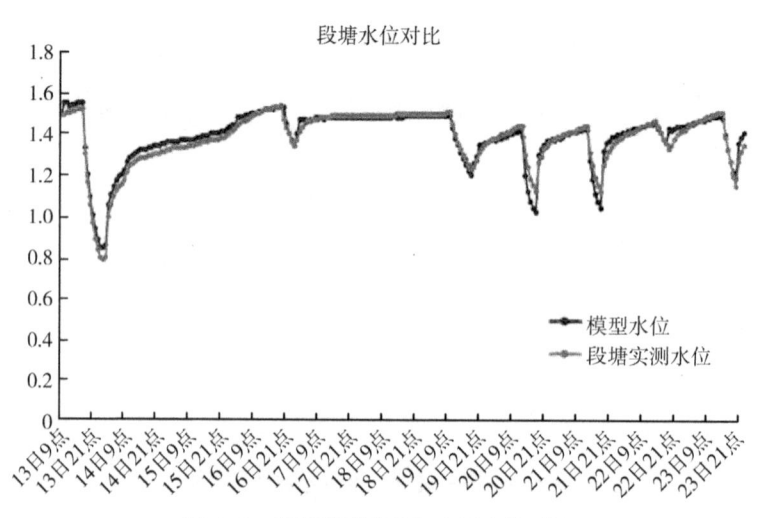

图 4-8 段塘模型水位与实测水位对比

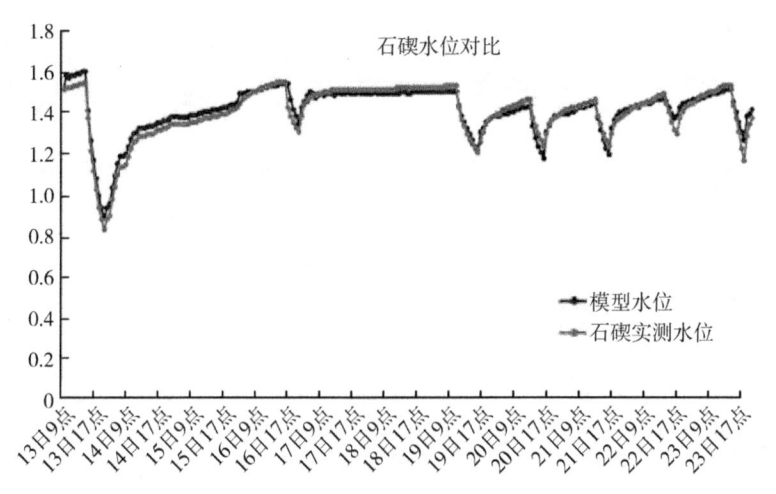

图 4-9　石碶模型水位与实测水位对比

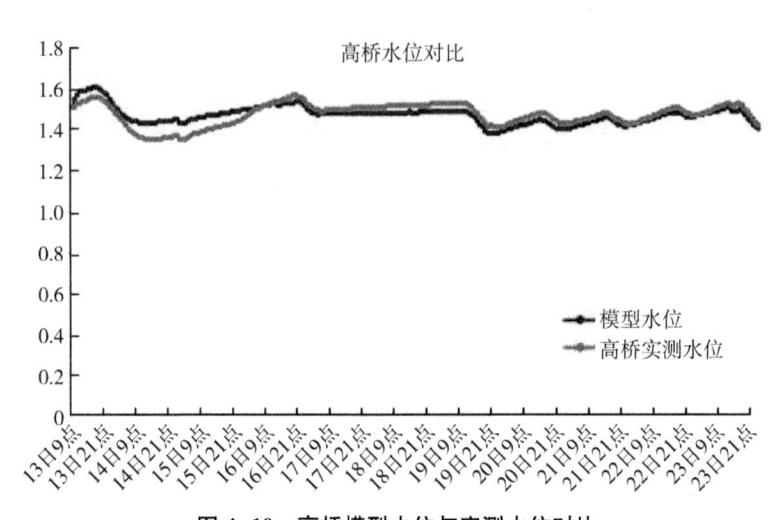

图 4-10　高桥模型水位与实测水位对比

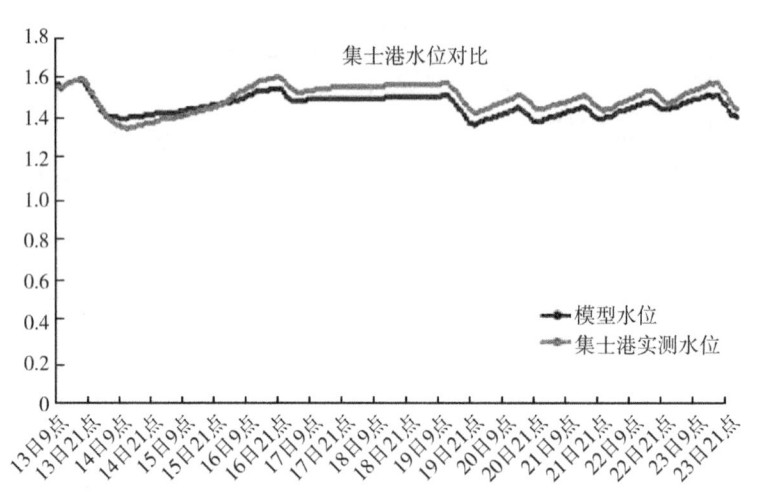

图 4-11　集士港模型水位与实测水位对比

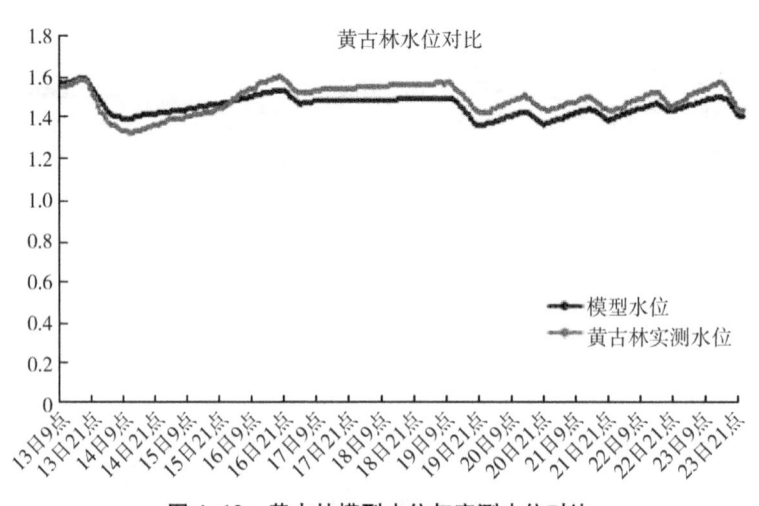

图 4-12　黄古林模型水位与实测水位对比

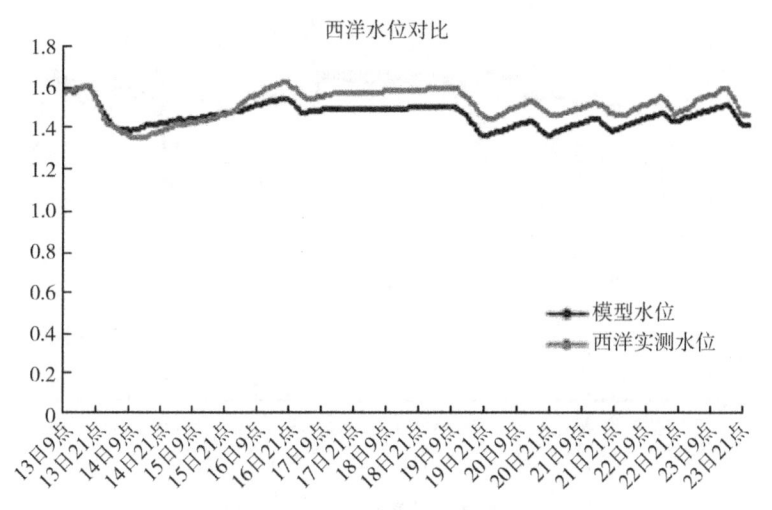

图 4-13　西洋模型水位与实测水位对比

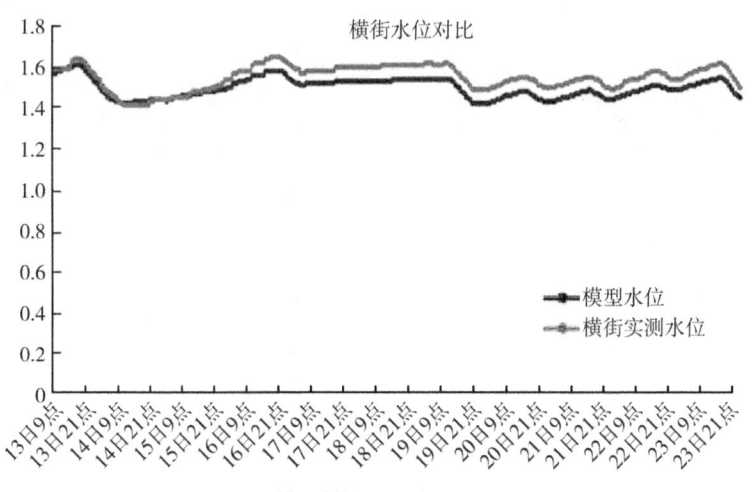

图 4-14　横街模型水位与实测水位对比

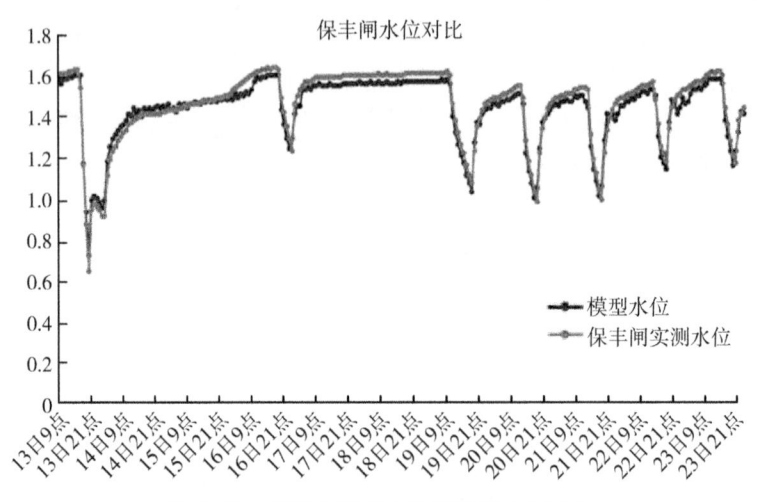

图 4-15　保丰闸模型水位与实测水位对比

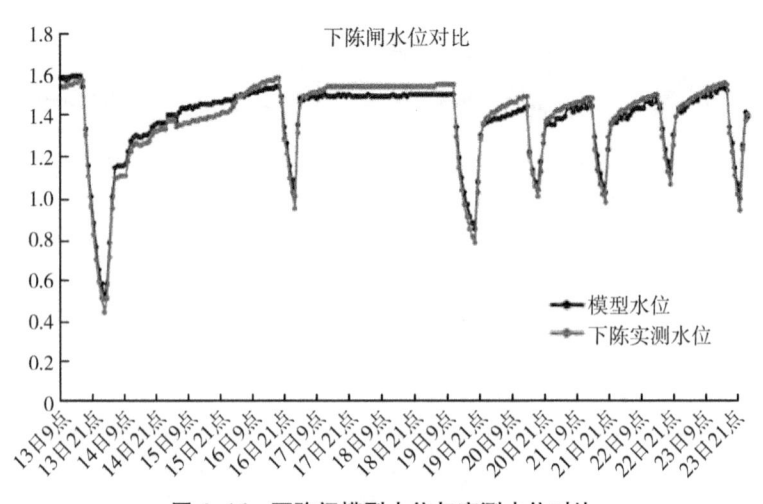

图 4-16　下陈闸模型水位与实测水位对比

4.4 新增工程分析

4.4.1 引调水工程规划布局

本次研究在原型调水试验及基础资料收集的基础上,规划增加引水水源,新建邵家渡、五江口、屠家沿翻水站,启用溪下水库,退水新增风棚碶。通过模拟分析,确定规划工程布局、新建工程规模及水库生态下泄流量。规划引配水建筑物分布见图 4-17。

图 4-17 规划工况引配水建筑物分布图

为科学确定新增引退水工程的规模及效果,设置若干种计算工况进行比较分析。其中,溪下水库生态下泄流量考虑三种(0 万 m^3/d、5 万 m^3/d、10 万 m^3/d),邵家渡翻水站引水流量考虑三种(10 m^3/s、15 m^3/s、20 m^3/s),五江口翻水站引水流量考虑四种(5 m^3/s、10 m^3/s、15 m^3/s、20 m^3/s),屠家沿翻水站引水流量考虑三种(5 m^3/s、10 m^3/s、20 m^3/s),此外,分析启用风棚碶配合排水的效果。分析工况见表 4-2。

表 4-2　新增工程分析计算工况

工况	溪下水库 万 m³/d	皎口水库 万 m³/d	引水 高桥翻水站 13.44 m³/s	引水 黄家河翻水站 1 m³/s	引水 五江口翻水站 m³/s	引水 邵家渡翻水站 m³/s	引水 屠家沿翻水站 m³/s	引水 保丰闸	引水 行春碶	引水 屠家堰	退水 风棚碶	备注
1		15	√					√	√	√		溪下水库生态下泄流量分析
2	5	15	√					√	√	√		
3	10	15	√					√	√	√		
4		15	√	√		10		√	√	√		邵家渡翻水站引水流量分析
5		15	√	√		15		√	√	√		
6		15	√	√		20		√	√	√		
7		15	√	√	5			√	√	√		五江口翻水站引水流量分析
8		15	√	√	10			√	√	√		
9		15	√	√	15			√	√	√		
10		15	√	√	20			√	√	√		
11		15	√	√			5	√	√	√		屠家沿翻水站引水流量分析
12		15	√	√			10	√	√	√		
13		15	√	√			20	√	√	√		
14	5		√	√	10	15		√	√	√	√	风棚碶退水影响分析
15	5		√	√	10	15		√	√	√	√	

4.4.2 新增引水工程规模分析

1. 溪下水库生态下泄流量分析

1) 溪下水库零下泄流量分析(工况 1)

计算模拟期为 1 天。溪下水库不放水,皎口水库按 15 万 m^3/d 的规模下泄,引水时长为 8 小时,高桥翻水站引水流量为 13.44 m^3/s,黄家河翻水站引水流量为 1 m^3/s,开启保丰闸、行春碶及屠家堰排水 4 小时。

引水期间,集士港河和西塘河上游流动性较好,流速位于 0.05—0.10 m/s 之间;湖泊河、梅梁桥河北部、小溪港上游、西塘河部分河段、中塘河部分河段、西洋港河、南塘河(小溪港—里龙港河段)、风棚碶河北部、布政河、邵家渡河、叶家碶河流动性一般,流速在 0.02—0.05 m/s 之间。河网其他河道流动性差,流速始终低于 0.02 m/s。河网流速梯度见图 4-18。

图 4-18　工况 1 引水期间河网流速梯度图

排水期间,西塘河、北斗河、象鉴港河(前塘河—板桥港段)、南塘河(千丈镜河—大黄家河段)流动性很好,流速超过 0.10 m/s。集士港河、西洋港河北段、风棚碶河北段、布政河、象鉴港河部分河段、中塘河部分河段、风岙市河、前塘河(布政河—象鉴港河段)、叶家碶河、南新塘河(前塘河—布政河段)、大黄家河、千丈镜河、南塘河(照天港河—千丈镜河段)等河段流动性较好,流速在 0.05—0.10 m/s 之间。湖泊河、梅梁桥河、西洋港河南段、黄家河、跃进河南部、中塘河部分河段、前塘河(南新塘河—布政河段)、南新塘河(大黄家河—象鉴港河段)、南塘河上游、小溪港上游、里龙港河流动性一般,流速在0.02~0.05 m/s之间。小溪港下游、照天港河、风棚碶河南段、南塘河下游、护城河流动性差,流速小于0.02 m/s。河网流速梯度见图4-19。

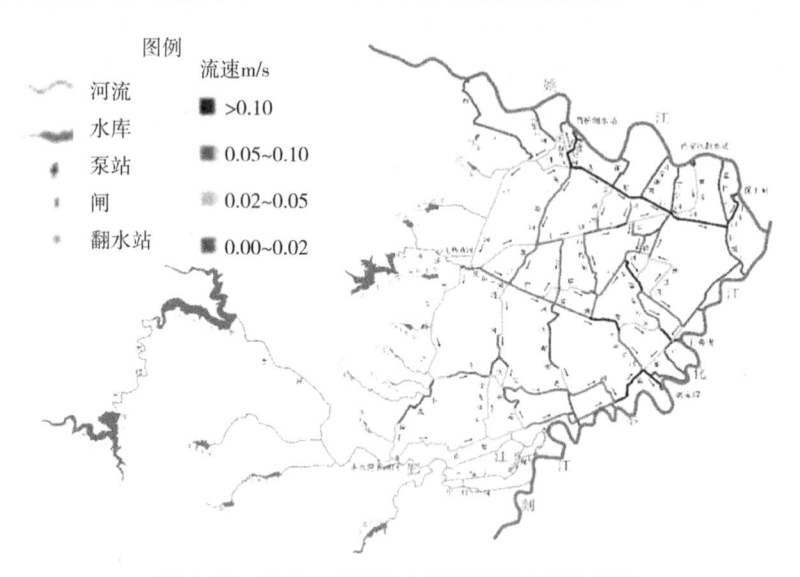

图 4-19　工况 1 开闸排水期间河网流速梯度图

2) 溪下水库 5 万 m^3/d 下泄流量分析(工况 2)

溪下水库改为 5 万 m^3/d 的规模下泄,其余设置同工况 1。

引水期间,河网水体流动情况与工况 1 基本一致,但工况 2 中梅梁桥河南部、中塘河部分河段、千丈镜河(梅梁桥河—照天港河段)的流速较工况 1 有所增加,河网流速梯度见图4-20。

排水期间,前塘河、中塘河流速较工况 1 有所增加,由于增加幅度较小,所以河网流动变化不明显,河网流速梯度见图4-21。

3) 溪下水库 10 万 m^3/d 下泄流量分析(工况 3)

溪下水库改为 10 万 m^3/d 的规模下泄,其余设置同工况 1。

引水期间,中塘河上游、梅梁桥河北部流速有所提升,河网其他河道流动情况与工况 2 基本一致。排水期间,河网水体流动情况与工况 2 基本一致。河网流速梯度见图4-22—图4-23。

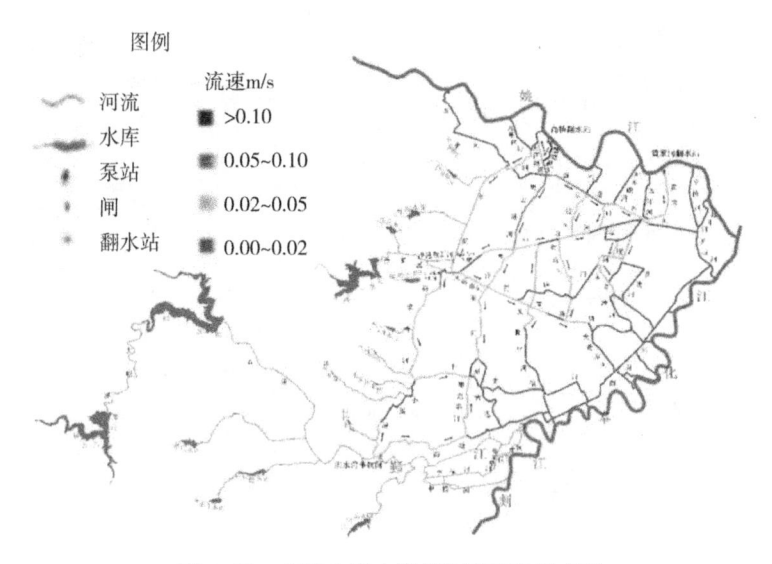

图 4-20　工况 2 引水期间河网流速梯度图

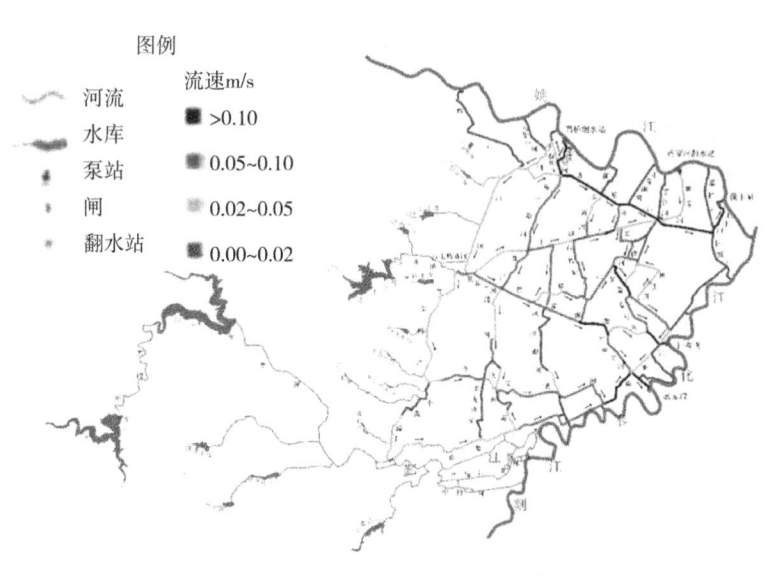

图 4-21　工况 2 开闸排水期间河网流速梯度图

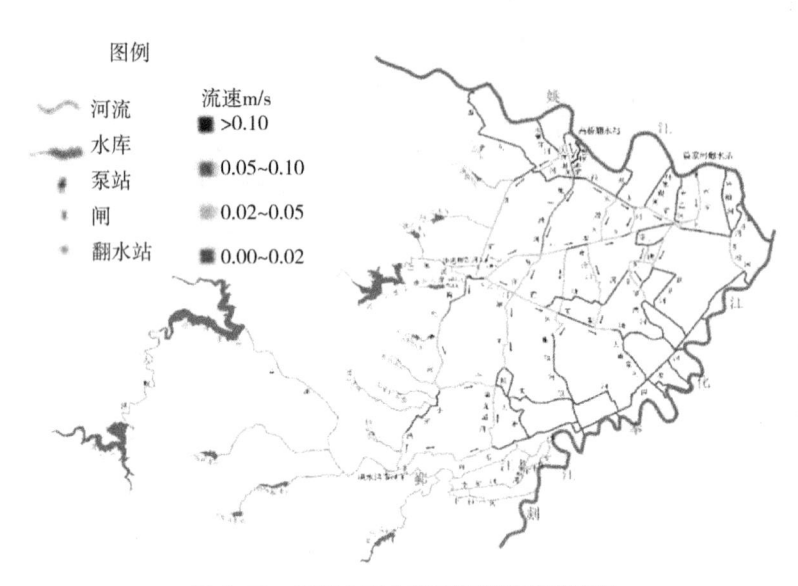

图 4-22　工况 3 引水期间河网流速梯度图

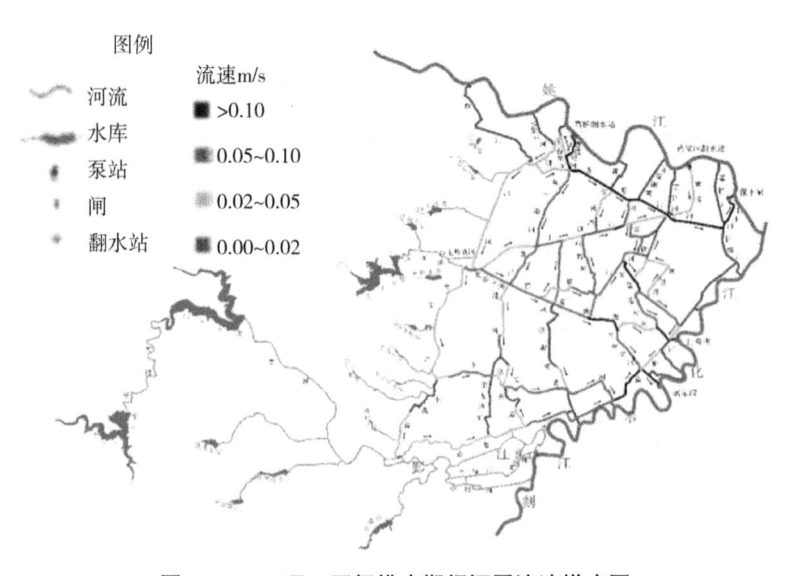

图 4-23　工况 3 开闸排水期间河网流速梯度图

4) 溪下水库推荐下泄流量

工况1—工况3在基本工况的基础上,即皎口水库、高桥翻水站及黄家河翻水站引水,讨论溪下水库不同的引水规模对河网水体流动性改善情况。增加溪下水库引水规模至5万 m^3/d 后,中塘河水体流速有所提高,增加溪下水库引水规模至10万 m^3/d 后,河网水体流动性并没有明显改善,且根据原型试验,皎口水库引进清洁水源后,对应的下游河道水质改善情况较好,综合水库供水能力考虑,推荐溪下水库按5万 m^3/d 规模下泄。

2. 邵家渡翻水站引水流量分析

1) 邵家渡翻水站10 m^3/s 引水流量分析(工况4)

计算模拟期为1天。皎口水库按15万 m^3/d 规模下泄,引水时长为8小时,邵家渡翻水站引水流量为10 m^3/s,高桥翻水站引水流量为13.44 m^3/s,黄家河翻水站引水流量为1 m^3/s。开启保丰闸、行春碶及屠家堰排水4小时。

引水期间,邵家渡河上游及西塘河(邵家渡河—叶家碶河)流动性良好,超过0.10 m/s;集士港河、西洋港河、风棚碶河北段、邵家渡河下游、跃进河部分河段、叶家碶河部分河段、中塘河部分河段流动性较好,流速在0.05—0.10 m/s之间;湖泊河、梅梁港河北段、风棚碶河中部、布政河、跃进河、象鉴港河、小溪港、里龙港河、西塘河部分河段、南塘河部分河段、南新塘河中游流动性一般,流速在0.02—0.05 m/s之间;中塘河部分河段、前塘河、南新塘河下游、千丈镜河、南塘河部分河段、梅梁桥河南段、照天港、风棚碶河南段流动性差,流速不足0.02 m/s。河网流速梯度见图4-24。

排水期间,西塘河(邵家渡河—护城河段)、邵家渡河上游、北斗河、南塘河(千丈镜河—大黄家河)、象鉴港河部分河段、南新塘河(布政河—大黄家河段)流动性良好,流速超过0.10 m/s;湖泊河南段、梅梁桥河部分河段、集士港河、西洋港河、风棚碶河北段、布政河、叶家碶河、跃进河、象鉴港河部分河段、大黄家河、西塘河上游、南新塘河上游和中游、千丈镜河、南塘河(照天港—千丈镜河)流动性较好,流速在0.05—0.10 m/s;湖泊河北段、黄家河、护城河、前塘河、风棚碶河南段、小溪港上游、照天港河部分河段、南塘河上游流动性一般,流速在0.02—0.05 m/s之间;里龙港河、小溪港下游、南塘河下游、中塘河部分河段流动性较差,流速不足0.02 m/s。河网流速梯度见图4-25。

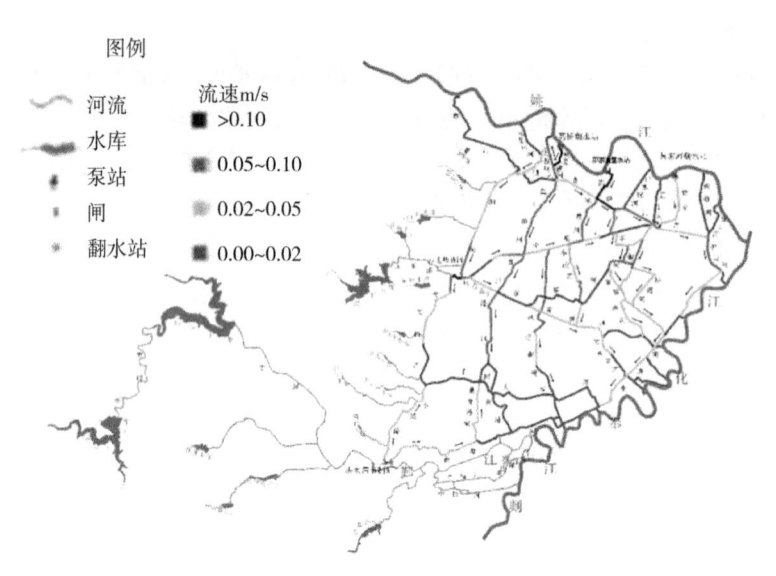

图 4-24 工况 4 引水期间河网流速梯度图

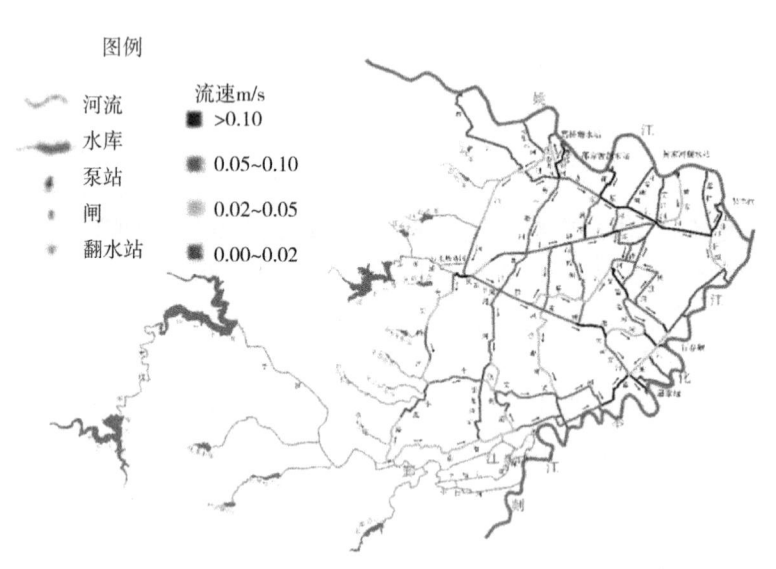

图 4-25 工况 4 排水期间河网流速梯度图

2) 邵家渡翻水站 15 m³/s 引水流量分析（工况 5）

邵家渡翻水站引水流量改为 15 m³/s，其余设置同工况 4。

引水期间，前塘河中部、布政河（中塘河—前塘河段）、湖泊河流速提高较为明显，河网其他水体流动性与工况 4 基本一致。河网流速梯度见图 4-26。

排水期间,湖泊河、梅梁桥河、中塘河、护城河、跃进河流速有所提高,河网其他水体流动情况与工况4基本一致。河网流速梯度见图4-27。

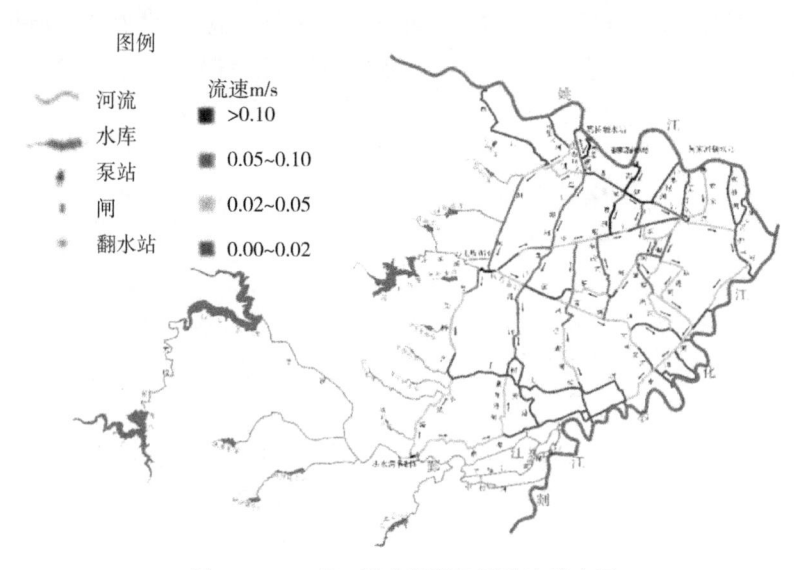

图4-26 工况5引水期间河网流速梯度图

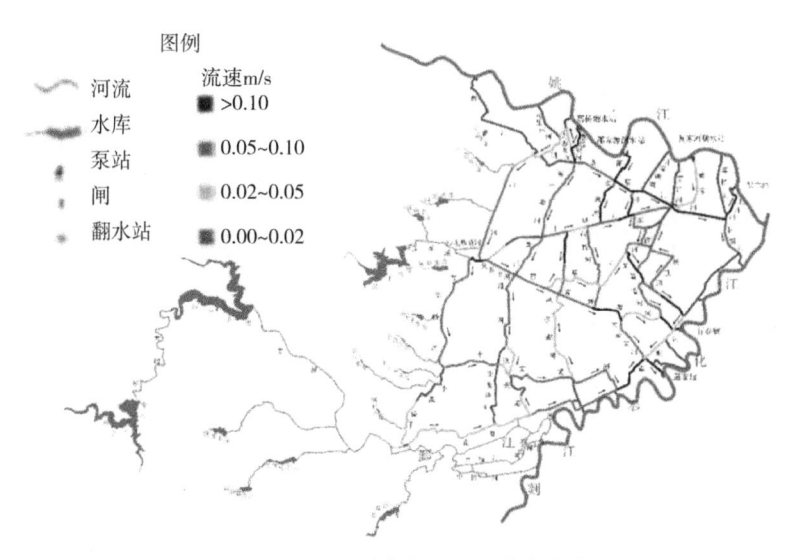

图4-27 工况5排水期间河网流速梯度图

3) 邵家渡翻水站20 m³/s引水流量分析(工况6)

邵家渡翻水站引水流量改为20 m³/s,其余设置同工况4。

引水期间，集士港河流速有所提升，河网其他水体流动情况与工况 5 基本一致。河网流速梯度见图 4-28。

排水期间，集士港河、风棚碶河（南新塘河—千丈镜河段）流速有所提升，河网其他水体流动情况与工况 5 基本一致。河网流速梯度见图 4-29。

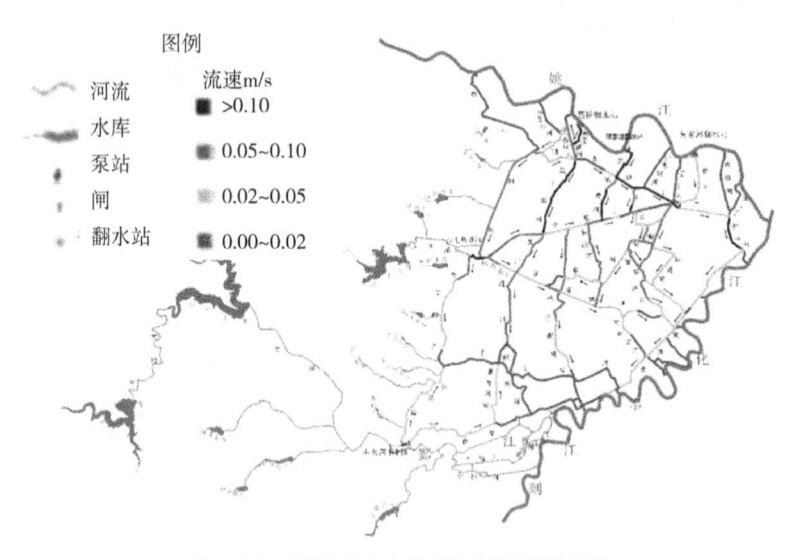

图 4-28　工况 6 引水期间河网流速梯度图

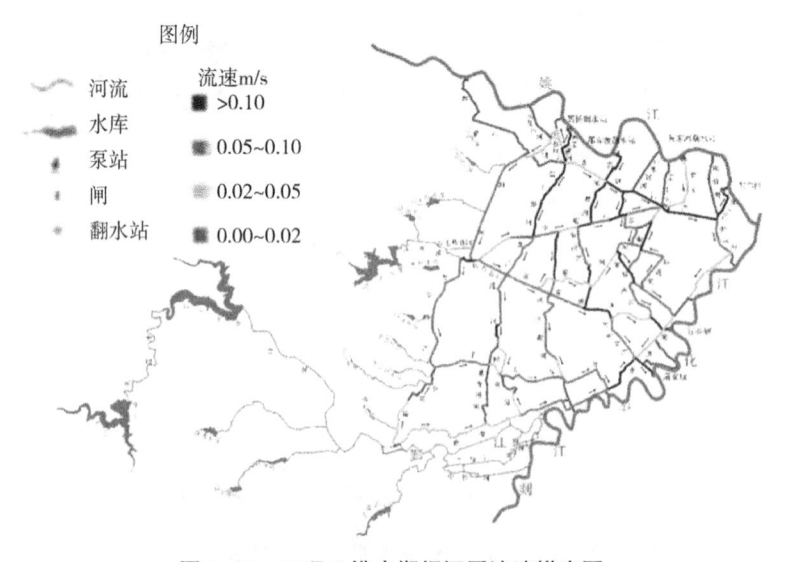

图 4-29　工况 6 排水期间河网流速梯度图

4) 邵家渡翻水站推荐流量

规划工况4至规划工况6讨论邵家渡翻水站不同引水流量的引水效果。邵家渡翻水站引水流量为 10 m³/s,同时配合基本工况引水时,影响范围向南无法到达千丈镜河。东南片区及西南片区千丈镜以南河道仍处于流动性较差的状态,且对前塘河中部流动性也无明显改善。邵家渡翻水站引水流量增加至 15 m³/s、20 m³/s 时,流速分布并无明显变化,但前塘河中部流速得到提升。

对比分析三个工况,随着邵家渡引水流量的增加,河网整体的流动性能够得到改善。当邵家渡翻水站引水流量为 15 m³/s 时,河网整体已经具备较强的流动性,继续增加引水流量仅能影响个别流动性较好的河道,如集士港河。考虑姚江可供水量有限,推荐邵家渡翻水站引水流量为 15 m³/s。

3. 五江口翻水站引水流量分析

1) 五江口翻水站 5 m³/s 引水流量分析(工况7)

计算模拟期为1天。皎口水库按 15 万 m³/d 规模下泄,引水时长为8小时,五江口翻水站引水流量为 5 m³/s,高桥翻水站引水流量为 13.44 m³/s,黄家河翻水站引水流量为 1 m³/s。开启保丰闸、行春碶及屠家堰排水4小时。

引水期间,集士港河、西塘河上游流动性较好,流速在 0.05 m/s—0.10 m/s 之间。湖泊河、邵家渡河、跃进河、西塘河下游、黄家河、中塘河部分河段、梅梁港河北段、西洋港河、风棚碶河北段、布政河、象鉴港河、小溪港上游、南塘河上游、里龙港河流动性一般,流速在 0.02 m/s—0.05 m/s 之间。中塘河部分河段、前塘河、大黄家河、千丈镜河、南塘河部分河段、照天港河、南新塘河、小溪港下游、梅梁港河南段流动性较差,流速不足 0.02 m/s。河网流速梯度见图 4-30。

排水期间,西塘河、北斗河、南塘河(千丈镜河—大黄家河)、象鉴港河部分河段、南新塘河(布政河—大黄家河段)流动性良好,流速超过 0.10 m/s;集士港河、西洋港河、风棚碶河北段、布政河、叶家碶河、跃进河、象鉴港部分河段、大黄家河、南新塘河(前塘河~布政河段)、千丈镜河流动性较好,流速在 0.05—0.10 m/s;湖泊河、梅梁港河、前塘河、南塘河上游、风棚碶南段、照天港河流动性一般,流速在 0.02—0.05 m/s 之间;里龙港河、小溪港、南塘河下游、中塘河部分河段流动性较差,流速不足 0.02 m/s。河网流速梯度见图 4-31。

2) 五江口翻水站 10 m³/s 引水流量分析(工况8)

五江口翻水站引水流量改为 10 m³/s,其余设置同工况7。

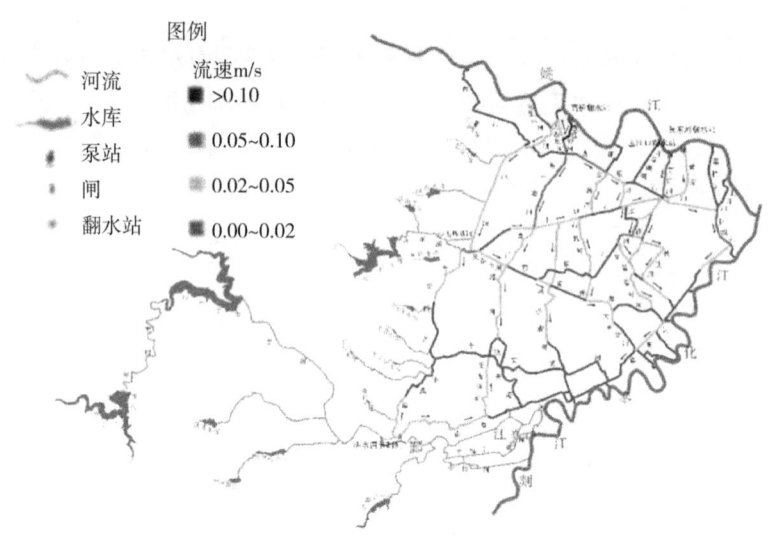

图 4-30　工况 7 引水期间河网流速梯度图

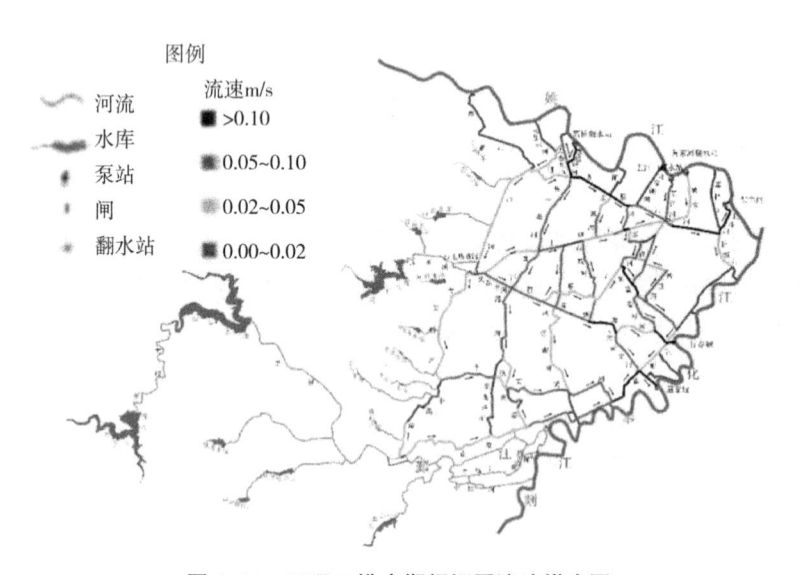

图 4-31　工况 7 排水期间河网流速梯度图

引水期间，前塘河、西洋港河（南新塘河—里龙港河段）、五江河流速有所提升，河网其他水体流动情况与工况 7 基本一致。河网流速梯度见图 4-32。

排水期间，跃进、中塘河部分河段流速有所提升，河网其他水体流动情况与工况 7 基本一致。河网流速梯度见图 4-33。

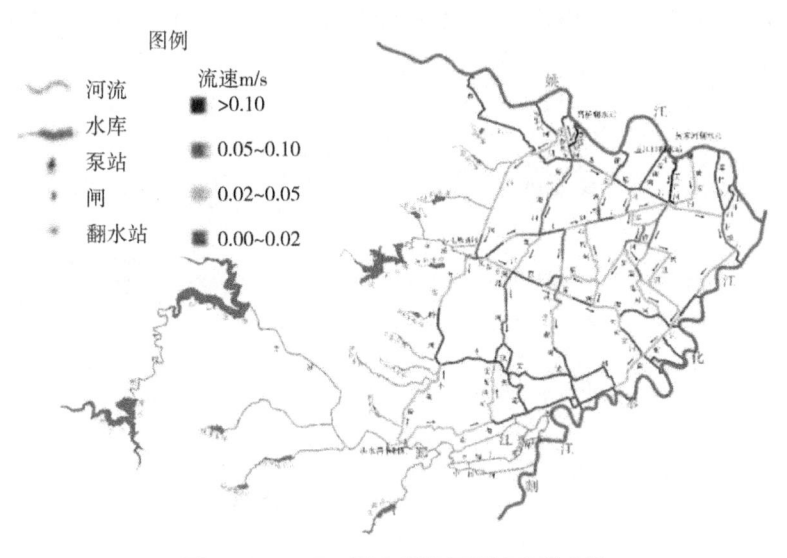

图 4-32 工况 8 引水期间河网流速梯度图

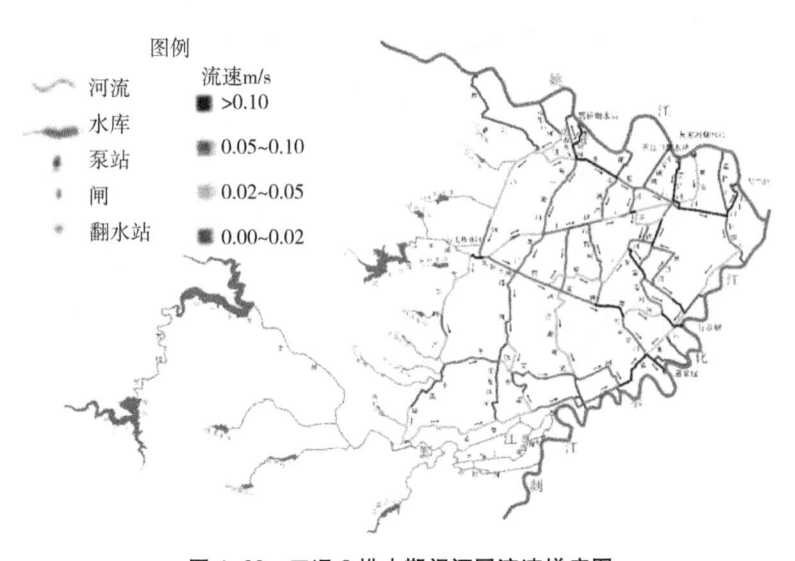

图 4-33 工况 8 排水期间河网流速梯度图

3) 五江口翻水站 15 m³/s 引水流量分析(工况 9)

五江口翻水站引水流量改为 15 m³/s,其余设置同工况 7。

引水期间,中塘河、湖泊河南段、西洋港河流速有所提升。河网其他水体流动情况与工况 8 基本一致。河网流速梯度见图 4-34。

排水期间,前塘河受五江口翻水站引水的顶托,在引水与排水的共同作用下,河道流速明显减小,其他水体流动情况与工况 8 基本一致。河网流速梯度见图 4-35。

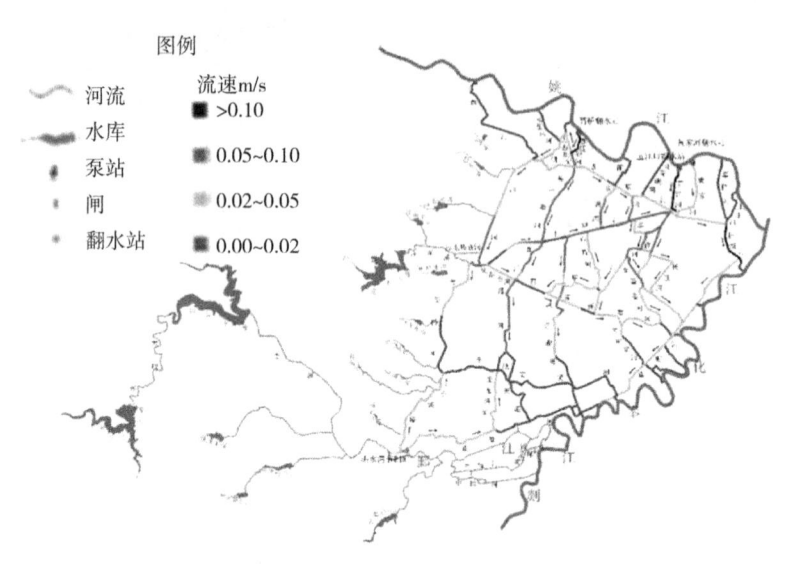

图 4-34 工况 9 引水期间河网流速梯度图

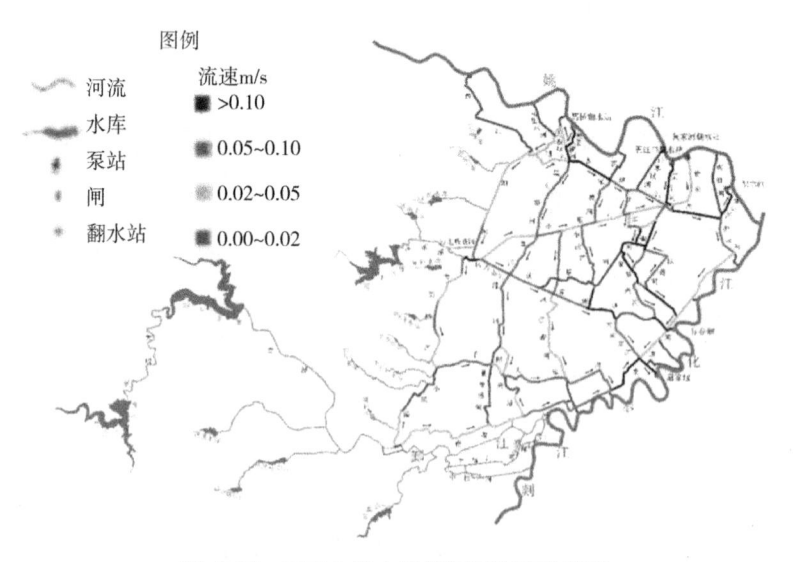

图 4-35 工况 9 排水期间河网流速梯度图

4) 五江口翻水站 20 m³/s 引水流量分析(工况 10)

五江口翻水站引水流量改为 20 m³/s,其余设置同工况 7。

引水期间,湖泊河、布政河流速有所提升,河网其他水体流动情况与工况

9基本一致。河网流速梯度见图4-36。

排水期间,梅梁桥河、中塘河上游、风棚碶河流速有所提升,河网其他河道流动情况与工况9基本一致。河网流速梯度见图4-37。

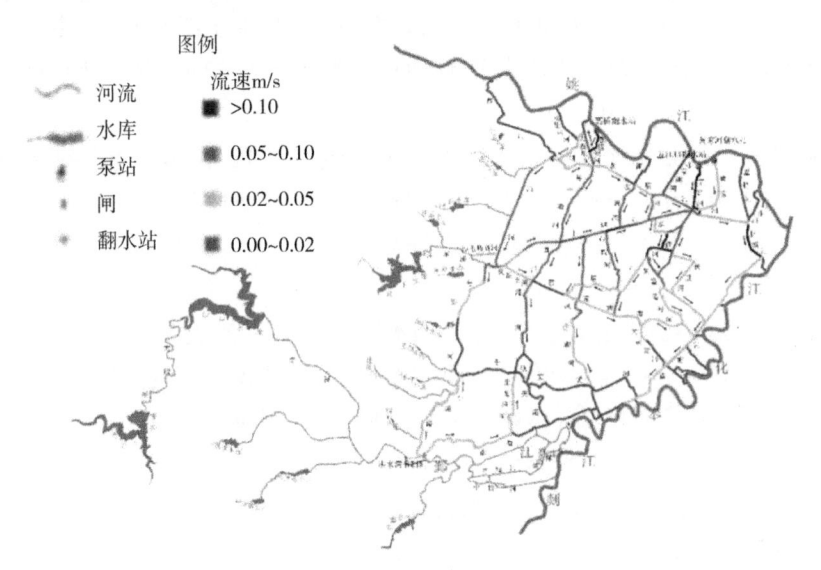

图4-36 工况10引水期间河网流速梯度图

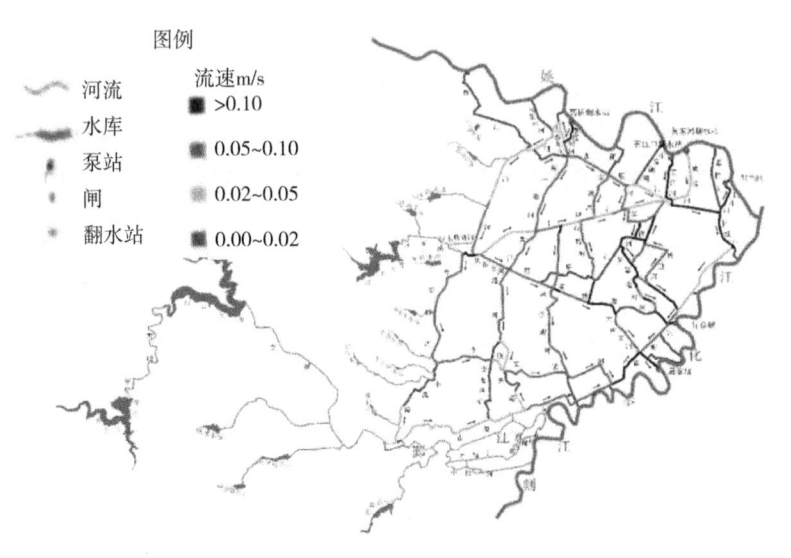

图4-37 工况10排水期间河网流速梯度图

5）五江口翻水站推荐流量

规划工况 7 至规划工况 10 讨论五江口翻水站不同引水流量的引水效果，以确定其最佳引水流量。

五江口翻水站引水流量为 5 m^3/s，同时配合基本工况引水时，影响范围向南无法到达千丈镜河，向北对西塘河以北河道影响较小，且中部片区河道部分河道流速无明显提升。五江口引水流量增加至 10 m^3/s、15 m^3/s、20 m^3/s 时，中部片区被影响河道增加。南塘河下游流速提升，且影响范围随着引水流量的增大逐渐向南延伸，但千丈镜河以南河道流动性仍然很差，流速低于 0.02 m/s，同时西塘河以北河道流速并未明显提升。

通过三个工况的对比分析发现，随着五江口引水流量的增加，河网整体的流动性能够得到改善，但当五江口翻水站引水流量增加到 15 m^3/s、20 m^3/s 时，相较于 10 m^3/s，排水期间前塘河中段流动性没有明显改善，反而受大量进水顶托影响，流速降低。故推荐五江口翻水站引水流量为 10 m^3/s。

4. 屠家沿翻水站引水流量分析

1）屠家沿翻水站 5 m^3/s 引水流量分析（工况 11）

计算模拟期为 1 天。皎口水库按 15 万 m^3/d 规模下泄，引水时长为 8 小时，屠家沿翻水站引水流量为 5 m^3/s，高桥翻水站引水流量为 13.44 m^3/s，黄家河翻水站引水流量为 1 m^3/s。开启保丰闸、行春碶及屠家堰排水 4 小时。

引水期间，集士港河、西塘河上游、叶家碶河部分河段、护城河流动性较好，流速在 0.05—0.10 m/s 之间。湖泊河、邵家渡河、黄家河、梅梁桥河北段、西洋港河、风棚碶河北段、布政河、跃进河、象鉴港河、小溪港、里龙港、西塘河下游、中塘河、南塘河上游和下游、南新塘河部分河段流动性一般，流速在 0.02—0.05 m/s 之间。西塘河中部、前塘河、南塘河部分河段、叶家碶河部分河段、梅梁桥河南段、千丈镜河、照天港、风棚碶河南段、大黄家河流动性较差，流速不足 0.02 m/s。河网流速梯度见图 4-38。

排水期间，西塘河、北斗河、象鉴港河北段、南塘河（千丈镜河—大黄家河）、南新塘河（布政河—大黄家河段）流动性良好，流速超过 0.10 m/s；集士港河、西洋港河、风棚碶河北段、布政河、叶家碶河、象鉴港河南段、护城河、大黄家河、千丈镜河、凤岙市河、南新塘河上游、中塘河少部分河段流动性较好，流速在 0.05—0.10 m/s；湖泊河、梅梁桥河、前塘河、跃进河部分河段、南塘河上游和下游、照天港河、风棚碶河南段、南新塘河下游流动性一般，流速在 0.02—0.05 m/s 之间；里龙港、小溪港、中塘河部分河段流动性较差，流速不足 0.02 m/s。河网流速梯度见图 4-39。

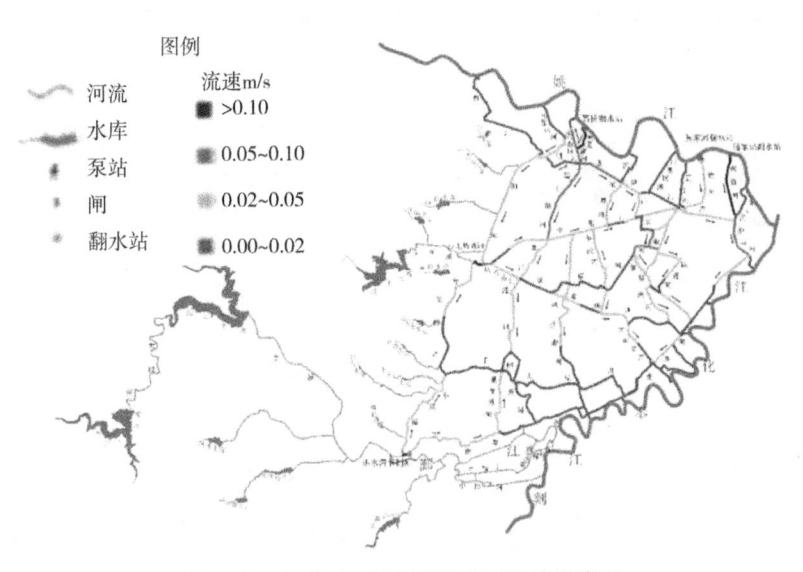

图 4-38 工况 11 引水期间河网流速梯度图

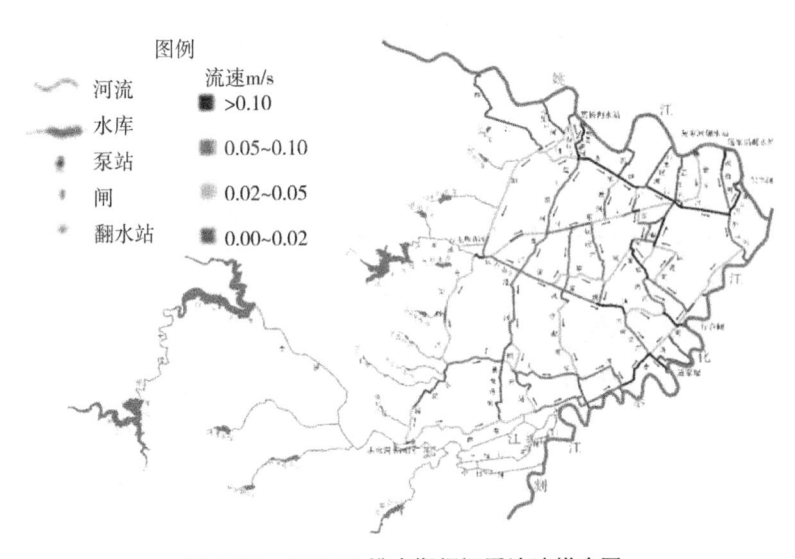

图 4-39 工况 11 排水期间河网流速梯度图

2) 屠家沿翻水站 10 m³/s 引水流量分析(工况 12)

屠家沿翻水站引水流量改为 10 m³/s,其余设置同工况 11。

引水期间,护城河、前塘河、中塘河流速有所提升,其他水体流动情况与工况 11 基本一致。河网流速梯度见图 4-40。

排水期间,河网水体流速情况与工况 11 基本一致。河网流速梯度见图 4-41。

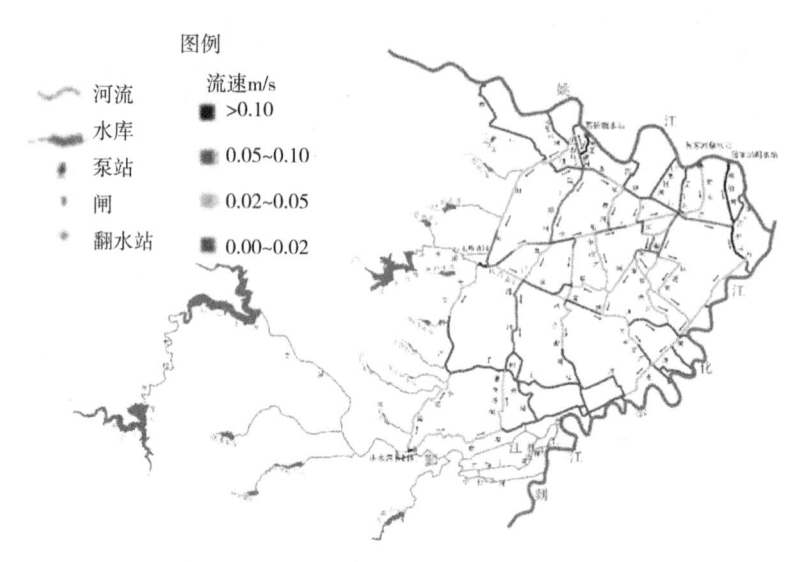

图 4-40　工况 12 引水期间河网流速梯度图

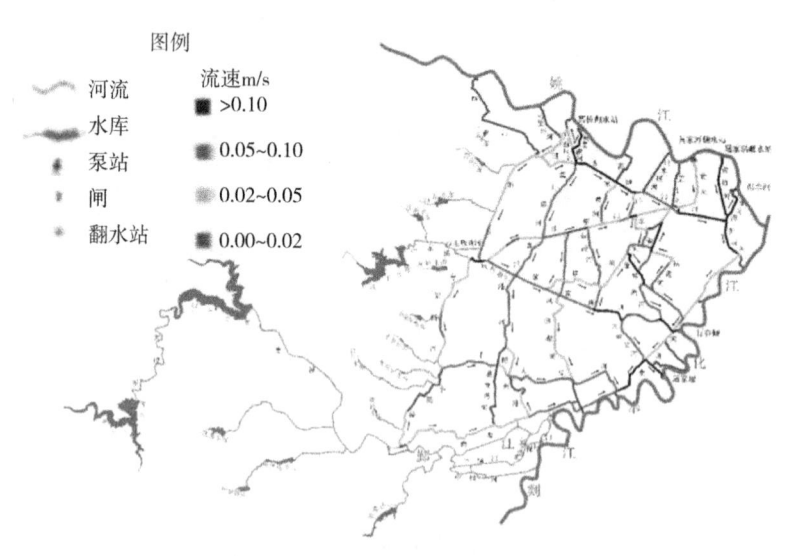

图 4-41　工况 12 排水期间河网流速梯度图

3) 屠家沿翻水站 20 m³/s 引水流量分析(工况 13)

屠家沿翻水站引水流量改为 20 m³/s,其余设置同工况 11。

引水期间,湖泊河、中塘河、西洋港河、布政河、西塘河等流速有所提升,河网其他水体流动情况与工况 12 基本一致。河网流速梯度见图 4-42。

排水期间，南塘河下游、风棚碶河流速虽有所提升，但屠家沿引水会对西塘河下游、前塘河水位造成顶托，中部和东北片区部分水体在引水和排水的共同作用下流速反而降低。河网其他水体流动情况与工况 12 基本一致。河网流速梯度见图 4-43。

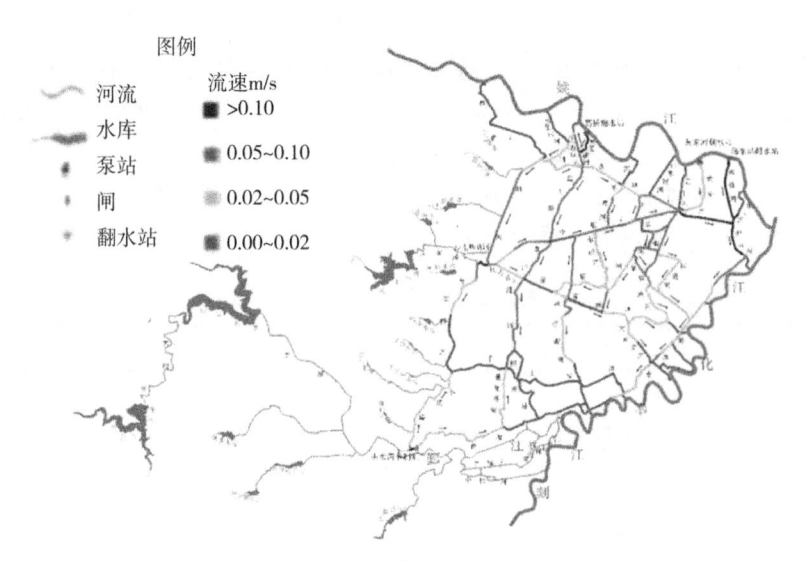

图 4-42 工况 13 引水期间河网流速梯度图

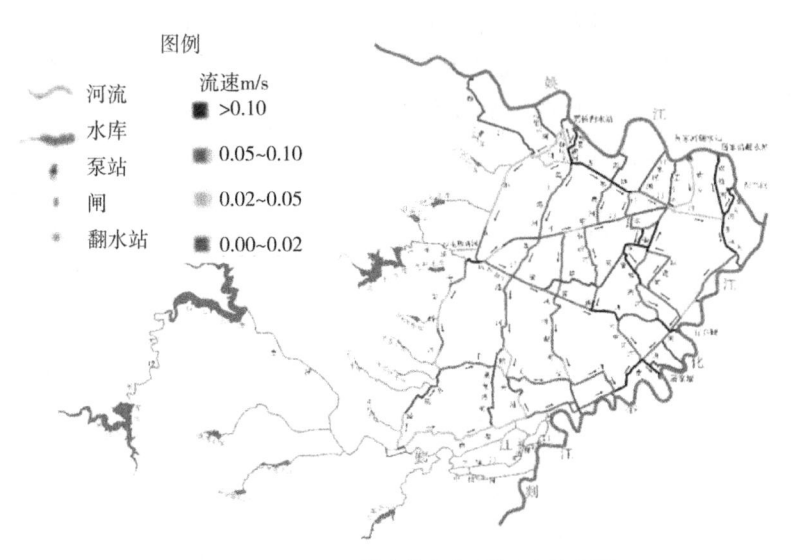

图 4-43 工况 13 排水期间河网流速梯度图

4）屠家沿翻水站推荐流量

规划工况 11 至规划工况 13 讨论屠家沿翻水站不同引水流量的引水效果，以确定其最佳引水流量。通过三个工况的对比分析发现，屠家沿翻水站引水流量为 5 m³/s、10 m³/s、20 m³/s 时，其影响范围较小且仅局限在西塘河下游及南塘河下游河段，随着引水流量增大，屠家沿翻水站影响范围并未明显扩大。此外，屠家沿翻水站靠近保丰闸，排水期间，翻水站引进的清洁水源不但会从保丰闸大量泄出，造成清洁水源的浪费，而且会阻碍中部和东北片区污染物的快速转移。综上所述，不推荐从屠家沿翻水站引进姚江清洁水源。

5. 新增引水工程规模确定及效果分析

根据规划工况 1 至规划工况 13 分析结果，确定了溪下水库生态下泄流量及邵家渡、五江口、屠家沿翻水站引水规模。新增引水工程规模见表 4-3。

表 4-3　新增引水工程规模

工程名称	引水规模
溪下水库	5 万 m³/d
邵家渡翻水站	15 m³/s
五江口翻水站	10 m³/s
屠家沿翻水站	取消

皎口水库按 15 万 m³/d 规模下泄，溪下水库按 5 万 m³/d 规模下泄，引水时长为 8 小时，邵家渡翻水站引水流量为 15 m³/s，五江口翻水站引水流量为 10 m³/s，高桥翻水站引水流量为 13.44 m³/s，黄家河翻水站引水流量为 1 m³/s。开启保丰闸、行春碶及屠家堰排水 4 小时。

引水期间，集士港河、五江河、护城河、跃进河部分河段流动性很好，流速超过 0.10 m/s，湖泊河、西洋港河、风棚碶河北段、邵家渡河、布政河、叶家碶河部分河段、象鉴港河、跃进河北段、西塘河中游和下游、中塘河部分河段、南塘河（大黄家河—南新塘河段）流动性较好，流速在 0.05—0.10 m/s 之间。黄家河、前塘河、跃进河南段、风棚碶河南段、南塘河上游和下游、南新塘河、梅梁桥河北段、小溪港、里龙港河流动性一般，流速在 0.02—0.05 m/s 之间。梅梁港河南段、千丈镜河、照天港河、南塘河（里龙港河—风棚碶河段）流动性差，流速不足 0.02 m/s。河网流速梯度见图 4-44。

排水期间，集士港河、西洋港河、邵家渡河、风棚碶河北段、布政河、叶家碶河、象鉴港河、跃进河部分河段、北斗河、护城河、大黄家河、西塘河中游和下游、南新塘河、南塘河（风棚碶河—段塘碶段）、千丈镜河下游流动性很好，流速超过 0.10 m/s；西塘河上游、中塘河大部分河段、千丈镜河（小溪港—风棚碶河段）、梅梁桥河、风棚碶河南段、跃进河部分河段、南塘河（里龙港河—风棚碶河、段塘碶～护城河段）流动性较好，流速在 0.05—0.10 m/s；湖泊河、黄家河、前塘河、小溪港、南塘河上游、照天港河流动性一般，流速在 0.02—0.05 m/s之间；里龙港河流动性较差，流速不足 0.02 m/s。河网流速梯度见图 4-45。

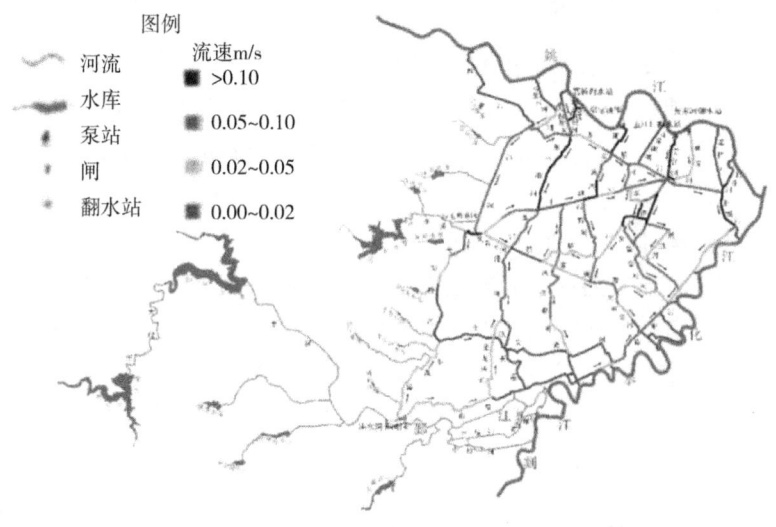

图 4-44　规划方案引水期间河网流速梯度图

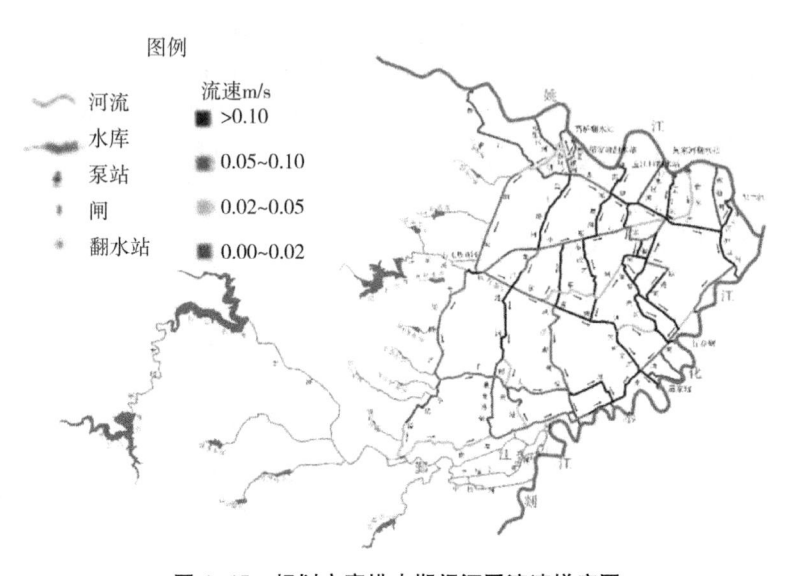

图 4-45　规划方案排水期间河网流速梯度图

在规划方案下,河网大部分河道流速能达到 0.10 m/s,河网水体流动性得到提高,河网水体自净能力得到改善,引入水体可在海曙区河网中广泛流动。表明邵家渡翻水站引水流量为 15 m³/s,五江口翻水站引水流量为 10 m³/s 时,引配水效果较好。

4.4.3　新增退水工程影响分析

1. 风棚碶未开启时影响分析(工况 14)

计算模拟期为 1 天。溪下水库按 5 万 m³/d 的规模下泄,引水时长为 8 小时,高桥翻水站引水流量为 13.44 m³/s,黄家河翻水站引水流量为 1 m³/s,邵家渡翻水站引水流量为 15 m³/s,五江口翻水站引水流量为 10 m³/s,开启保丰闸、行春碶、屠家堰排水 4 小时。

排水期间,集士港河、西洋港河(前塘河—里龙港河)、邵家渡河、风棚碶河(中塘河—南新塘河段)、布政河、叶家碶河、五江河、象鉴港河、跃进河、北斗河、护城河、西塘河中游和下游、南新塘河(前塘河—大黄家河段)、大黄家河、千丈镜河下游流动性很好,流速超过 0.10 m/s。湖泊河、梅梁桥河、西洋港河(中塘河—前塘段)、风棚碶河(南新塘河—千丈镜河段)、西塘河上游、风咎市河、南新塘河部分河段、千丈镜河(小溪港—风棚碶河段)、南塘河(里龙港河—风棚碶河段、段塘碶—澄浪碶段)流动性较好,流速在 0.05—0.10 m/s 之间。黄家河、中塘河部分河段、前塘河、小溪港上游、南塘河上游、照天港部分河段流动性一般,流速在 0.02—0.05 m/s 之间。小溪港下游、里龙港、中塘河上游等流动性较差,流速低于 0.05 m/s。河网流速梯度见图 4-46。

2. 风棚碶开启时影响分析(工况 15)

退水闸碶增加开启风棚碶,其余设置同工况 14。

排水期间,河网整体流动性明显提高,千丈镜河、西洋港河、梅梁桥河、南塘河、风棚碶河、西塘河、照天港河、风咎市河、板桥港等流速提高较为明显,河网其他水体流动情况与工况 14 基本一致。河网流速梯度见图 4-47。

规划工况 14 至规划工况 15 讨论风棚碶的退水效果。由上述工况对比分析,风棚碶排水能有效提高河网整体流动性。在皎口水库引水较少或不引水时开启风棚碶配合保丰闸、行春碶、屠家堰排水,能够实现绝大多数河道流速达到 0.05 m/s 的目标。

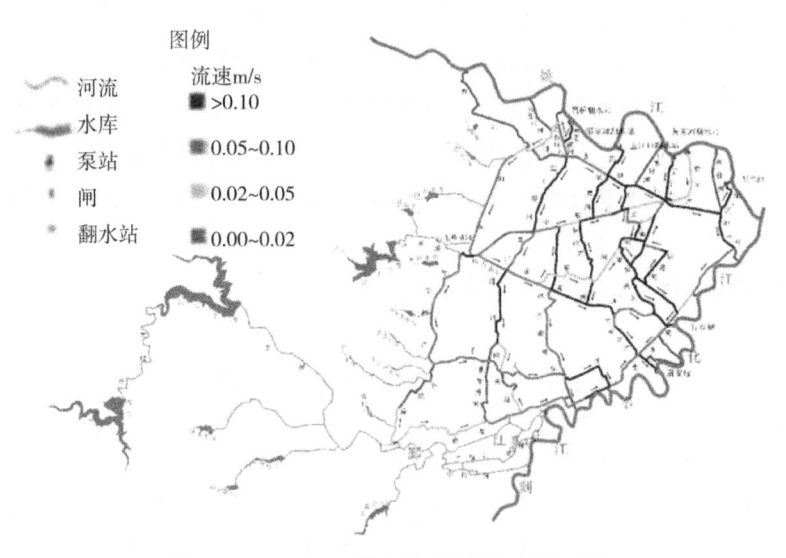

图 4-46　工况 14 排水期间河网流速梯度图

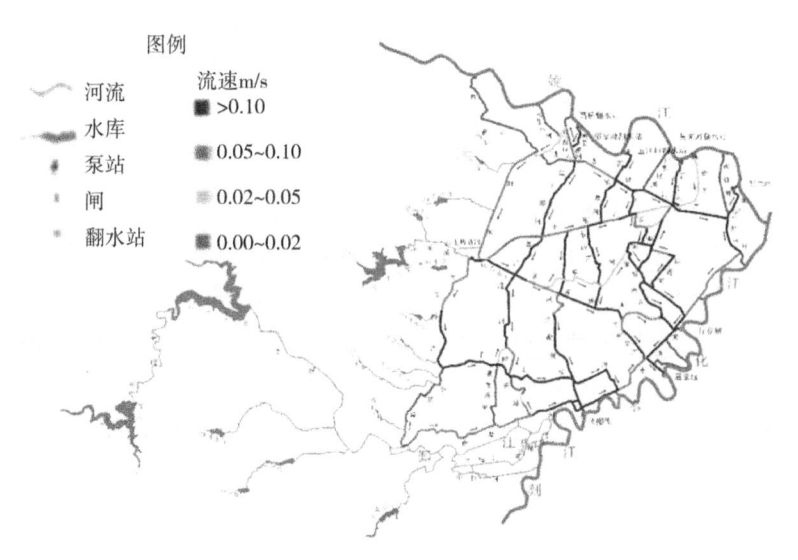

图 4-47　工况 15 排水期间河网流速梯度图

4.5　皎口水库下泄流量及方式分析

为了研究皎口水库不同引水时长、引排水组合方式的引水效果，拟定多种下泄流量及方式进行分析。主要包括以下几个方面。

1. 皎口水库生态下泄流量研究：研究皎口水库生态下泄流量分别为 12 万 m^3/d、15 万 m^3/d 时，配合推荐退水工况时的河网流速分布。

2. 皎口水库引水时长研究：研究皎口水库以 15 万 m^3/d 规模下泄，在不同引水时长(24h、8h)下，配合推荐退水工况时的河网流速分布。

3. 皎口水库引排水组合方式研究：研究皎口水库以 15 万 m^3/d 规模下泄时，在引水结束后开闸排水、引水同时开闸排水这两种引排水组合方式下，配合推荐退水工况时的河网流速分布。

具体方案见表 4-4。

表 4-4 皎口水库下泄流量及方式分析方案

方案	皎口水库 (万 m^3/d)	保丰闸	行春碶	屠家堰	引排方式
1	12	√	√	√	皎口水库 8 小时引水，边引边排
2	15	√	√	√	皎口水库 8 小时引水，边引边排
3	15	√	√	√	皎口水库 24 小时引水
4	15	√	√	√	皎口水库 8 小时引水，先引后排

1) 方案 1

计算模拟期为 1 天。皎口水库按 12 万 m^3/d 的规模下泄，连续引水 8 小时，保丰闸、行春碶及屠家堰排水 4 小时，边引边排。

引水期间，小溪港、南塘河(小溪港—里龙港河段)的流动性有所提高，但流动性一般，流速在 0.02—0.05 m/s 之间。河网流速梯度见图 4-48。

排水期间，河网的流动性有明显提高。西塘河(邵家渡河—叶家碶河段、黄家河—翠柏河段)、北斗河以及南塘河(千丈镜河—大黄家河段)流动性很好，流速超过 0.10 m/s。西塘河中间部分河段、中塘河部分河段、千丈镜河(照天港—南塘河段)、南塘河(照天港河—千丈镜河段)、前塘河(风棚碶河—象鉴港河段、西洋港河—南新塘河段)、布政河南部、象鉴港河、板桥港以及大黄家河流动性较好，流速位于 0.05—0.10 m/s 之间。西塘河西部、中塘河部分河段、南新塘河(大黄家河—象鉴港河段)、千丈镜河(梅梁桥河—照天港河)、南塘河(小溪港—照天港河段)、梅梁桥河南部、小溪港、风棚碶河(中塘河—南新塘河段)、叶家碶河和跃进河流动性一般，流速位于 0.02—0.05 m/s 之间。西塘河以北、湖泊河、梅梁桥河北部、集士港河、西洋港河、照天港、风棚碶(南新塘河—南塘河段)、南塘河(大黄家河—澄浪碶段)流动性较差，流速均小于 0.02 m/s。河网流速梯度见图 4-49。

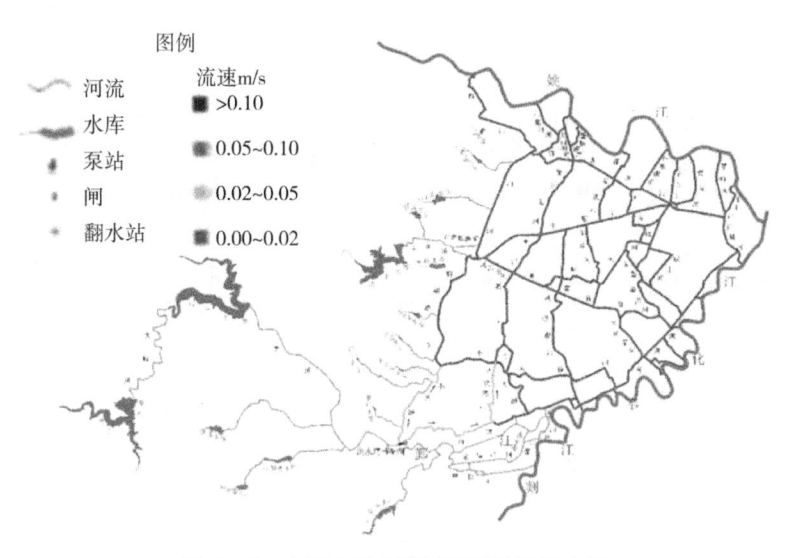

图 4-48　方案 1 引水期间河网流速梯度图

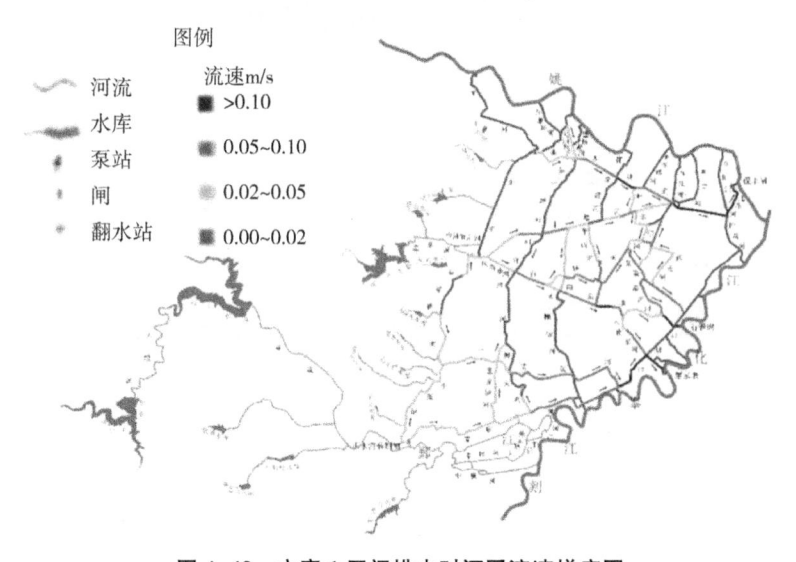

图 4-49　方案 1 开闸排水时河网流速梯度图

2) 方案 2

计算模拟期为 1 天。皎口水库按 15 万 m³/d 的规模下泄,连续引水 8 小时,保丰闸、行春碶及屠家堰排水 4 小时,边引边排。

引排水期间,河网流速分布情况与方案 1 基本一致,但南塘河(洪水湾—里龙港河段)、小溪港河及千丈镜河流速略有提高。河网流速梯度见图 4-50、

131

图 4-51。

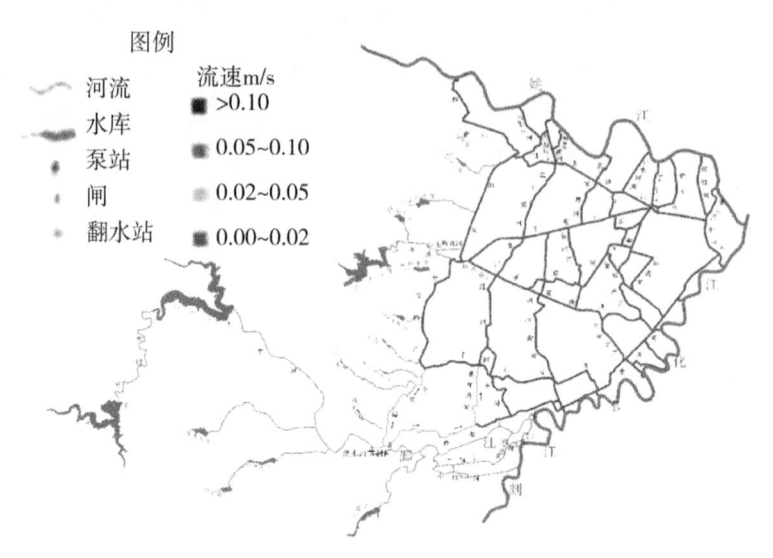

图 4-50 方案 2 引水期间河网流速梯度图

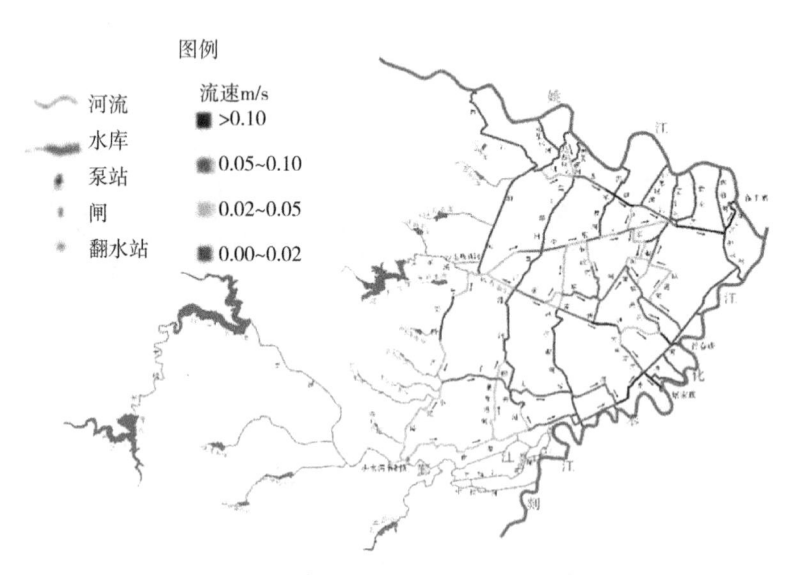

图 4-51 方案 2 开闸排水时河网流速梯度图

3) 方案 3

计算模拟期为 1 天。皎口水库按 15 万 m^3/d 的规模下泄,连续引水 24 小时,开启保丰闸、行春碶及屠家堰排水 4 小时。

引排水期间,千丈镜(小溪港—照天港河段)流动性一般,流速位于 0.02—0.05 m/s 之间。区域其余河道的流动情况与方案 2 基本一致。河网流速梯度见图 4-52。

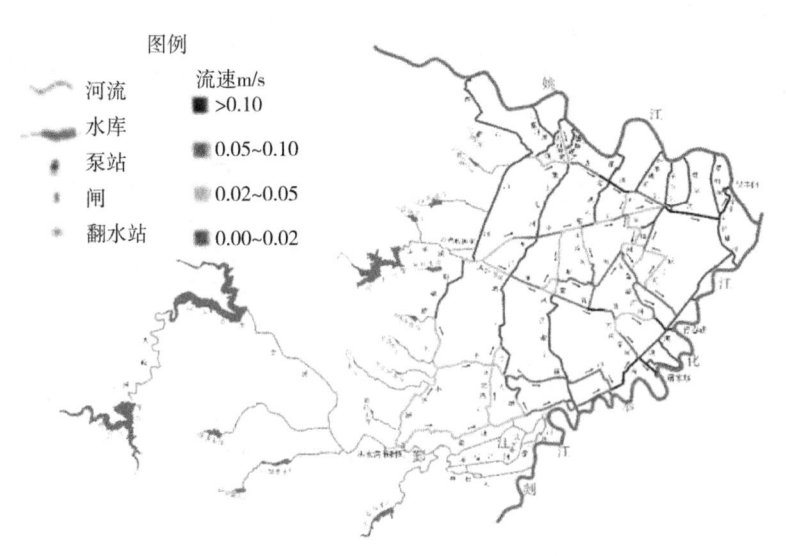

图 4-52　方案 3 引排水期间河网流速梯度图

4) 方案 4

计算模拟期为 1 天。皎口水库按 15 万 m^3/d 的规模下泄,一天引水 8 小时,开启保丰闸、行春碶及屠家堰排水 4 小时,先引后排。

与方案 2 相比,该方案引排水期间,里龙港河、千丈镜河(小溪港—照天港河段)流速有所减小,其余河道的流动情况与方案 2 基本一致。河网流速梯度见图 4-53。

5) 皎口水库下泄流量及方式推荐

相较于按 12 万 m^3/d 规模下泄,皎口水库生态下泄流量为 15 万 m^3/d 时,南塘河(洪水湾—里龙港河段)、小溪港河及千丈镜河流动性更优。考虑到溪下水库可引水量较少,水库清洁水源供给不足,推荐皎口水库生态下泄流量为 15 万 m^3/d。

相较于皎口水库按 24 小时放水,皎口水库按 8 小时控制时段放水时,千丈镜河流速明显增大,引水流经范围更广,推荐皎口水库按 8 小时控制时段下泄。另外,对皎口水库边引边排与先引后排的引排水方式进行比较,边引边排时皎口水库附近水体流动性更优。

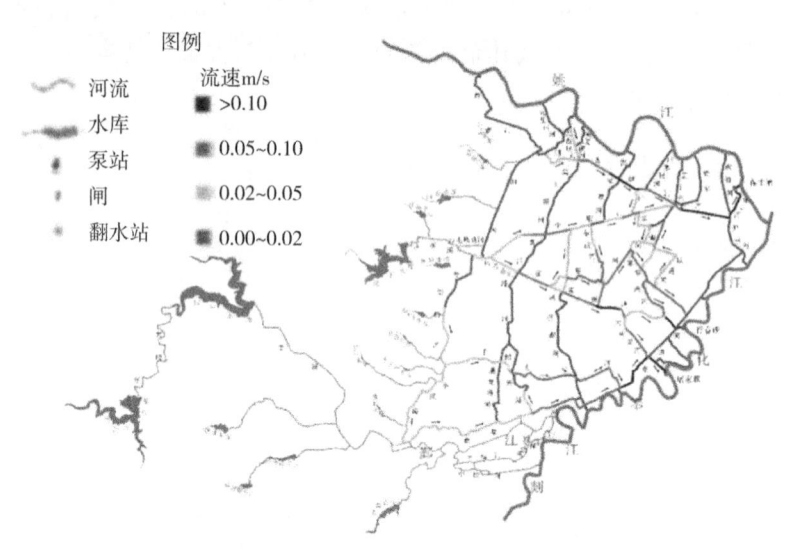

图 4-53　方案 4 引排水期间河网流速梯度图

4.6　生态调水机制建议

本次研究根据模型成果分析,提出了海曙区平原河网引配水总体布局,明确了规划工程条件下的引配水方案,对海曙区生态调水机制的形成具有重要指导意义。未来,海曙区可在本次研究的基础上,根据宁波市水资源量的总体配置规划,进一步深化研究,不断优化配水方案和调度方式。

4.6.1　总体引配水布局

海曙区生态调水机制以北侧姚江及上游山丘区水库为水源。根据试验及模型模拟分析,所利用的引配水建筑物包括姚江沿线的高桥翻水站、邵家渡翻水站、五江口翻水站、黄家河翻水站,以及上游的皎口水库、溪下水库。主要退水闸碶包括保丰闸、行春碶、屠家堰及风棚碶。调水涉及建筑物总体布局见图 4-54。

4.6.2　引配水方案建议

1. 现状工程引配水方案

皎口水库按 15 万 m^3/d 的规模下泄,时长为 8 小时。高桥翻水站引水流

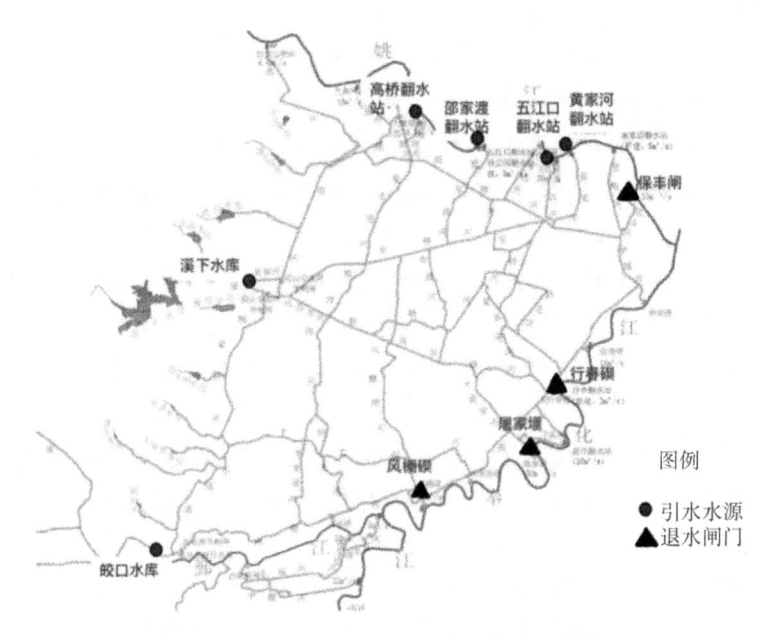

图 4-54　海曙区生态引配水建筑物布局图

量为 13.44 m³/s，黄家河翻水站引水流量为 1 m³/s，退水开启保丰闸、行春碶及屠家堰排水。

在以上引配水方式下，排水期间，西北片区、中部片区、东南片区大部分河道流速均能达到 0.05 m/s。引水流经河道广、扩散范围大，污染严重区域水体排水路径短，但中塘河部分河段、风棚碶河（南新塘河—千丈镜河段）、照天港河等流动性较差，流速低于 0.02 m/s。该配水方式可用于现状工程条件下的日常引配水。

2. 规划工程引配水方案

根据新增工程及皎口水库专项分析，结合原型试验成果，对海曙区平原河网提出规划工程总体引配水方案：皎口水库按 15 万 m³/d 的规模下泄、溪下水库按 5 万 m³/d 规模下泄，时长为 8 小时。高桥翻水站引水流量为 13.44 m³/s，黄家河翻水站引水流量为 1 m³/s；新增邵家渡翻水站引水 15 m³/s，五江口翻水站引水 10 m³/s。退水主要启用保丰闸、行春碶及屠家堰排水。在该引配水方式下，西北片区的中塘河，中部片区的前塘河，东北片区的护城河、南塘河（南新塘河—澄浪碶段），以及风棚碶河（南新塘河—千丈镜河道）等现状工程条件下流动性相对较差的河道，流速普遍可达到 0.05 m/s 以上，全区河网均可呈现较好的流动性，清水可流经各骨干河道。调水规模合理，布局较为全面。然而中部片区、东北片区和东南片区的水环境相对较差，施行总体引配水方案片区水质难以达到理想的改善效果，需要在总体引配水布局的基础上做出针对性调整。

对于中部片区，在规划工程总体引配水方案的基础上，关闭五江口翻水站。溪下水库下泄流量作为片区横向河道的有效清洁水源，可在提高河道流动性的同时改善河道水环境。高桥翻水站、邵家渡翻水站引水是片区纵向河道的重要清水来源，对中部片区整体流动性提升效用最大。维持皎口水库引水可使中部片区尾水不向南部扩散。五江口翻水站引水对中部河网水位造成顶托，导致中部片区排水不畅，因此针对中部片区建议关闭五江口翻水站。

对于东北片区，在规划工程总体引配水方案的基础上，退水加开段塘碶。本片区河道污染严重，规划总体方案引水时，大量清水经西塘河流入本片区，加开段塘碶可使东北片区换水效果大幅提升，明显提高水体流动性，达到较好的效果。

对于东南片区，规划工程总体引配水方案可使片区水质维持在一个相对稳定的水平。若要改善风棚碶河整体流动性，可加开风棚碶退水。但通过风棚碶排水易使皎口水库下泄水量过早排出，与高效利用水资源的研究目标不符，因此建议在皎口水库引水结束后开启风棚碶排水。

第5章
基于闸站联调的平原河网型城市活水实践

5.1 盐城市中心城区概况

5.1.1 地理位置

盐城市位于江苏沿海中部,南与南通市、泰州市毗邻,西与扬州市、淮安市相连,北与连云港市隔灌河相望,东临黄海,地理位置为:北纬32°34′—34°28′、东经119°27′—120°54′。盐城市土地总面积为1.77万 km²,现状总人口为828.54万人[112]。盐城市地理位置见图5-1。

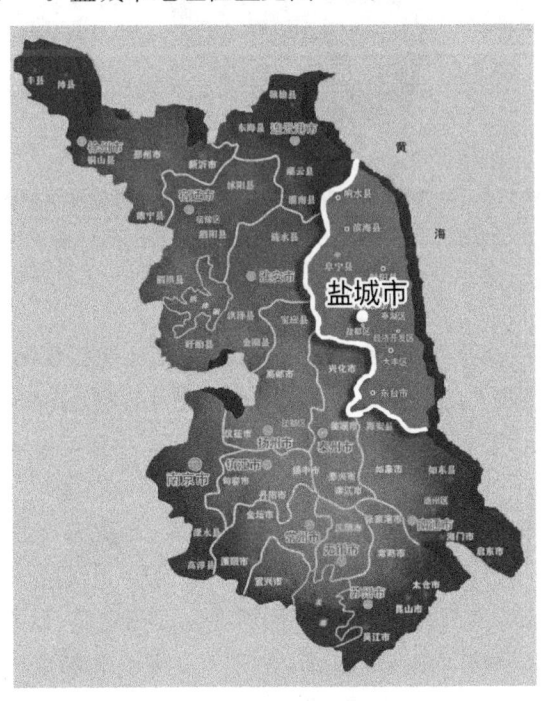

图 5-1 盐城市地理位置示意图

本书研究区为盐城市中心城区，盐城市中心城区位于盐城市第Ⅲ防洪区，南至三墩港、小新河，北至新洋港，西至大马沟，东至通榆河，总面积为108.73 km²。盐城市中心城区地理位置见图5-2。

图5-2 盐城市中心城区（第Ⅲ防洪区）地理位置示意图

5.1.2 地形地貌

盐城市西部及南部地势相对较高，东部及北部地势相对较低，地面高程相差不大，地面高程大部分在1.8—2.6 m之间，局部在2.8—3.8 m之间，特别低洼的地区地面高程在1.0 m左右，主要分布于新洋港以北、串场河以东的区域[113]。

盐城市区地貌形态简单，属于冲积海积平原，由滨海平原、里下河潟湖平原及黄河三角洲平原三类构成，其中：滨海平原主要是在通榆河东部，地表标高约在1.5—5 m范围内；里下河潟湖平原地表高程最低，大多在2 m以下，平原位于射阳河南、通榆河以西的地域；黄河三角洲平原整体近似为扇形分布，扇形的顶部位于阜宁县北沙至响水县黄圩这部分区域，扇形的前端到了新淮河河口中路港附近,地面标高在3—11 m范围内浮动。形成如此的地貌形态主要是与新构造运动关系密切,构造线不仅控制了本区的海岸形态,而且也大体形成了各地貌形态的分界。

5.1.3 河流水系

盐城市拥有两大水系,分别为沂沭泗水系、淮河水系,其中淮河水系位于废黄河以南,流域面积占全市面积90%以上。境内众多承担灌溉航运任务的河渠,如灌河、兴盐界河、废黄河、淮河入海水道、方糖河、苏北灌溉总渠、射阳河、黄沙港、王港、新洋港、斗龙港、通榆河、串场河等[114]。

由于地势及人工河道等原因,淮河水系被分割出一个相对独立的水系,即里下河地区。里下河地区又分为里下河腹部区及沿海垦区两区域。

盐城市中心城区(第Ⅲ防洪区)位于通榆河以西的里下河腹部区东部。北至蟒蛇河、新越河、新洋港,南起小新河、三墩港,西临大马沟,东贴通榆河。盐城市第Ⅲ防洪区面积约108.73 km²,河流密集,交错成网,河道共有118条,总长度约为309.20 km。按河道在城市防洪排涝体系和水生态环境中的重要性又将内河分为骨干河道和非骨干河道,其中骨干河道54条,总长225.15 km,非骨干河道64条,总长84.05 km。盐城市第Ⅲ防洪区水系图见图5-3。

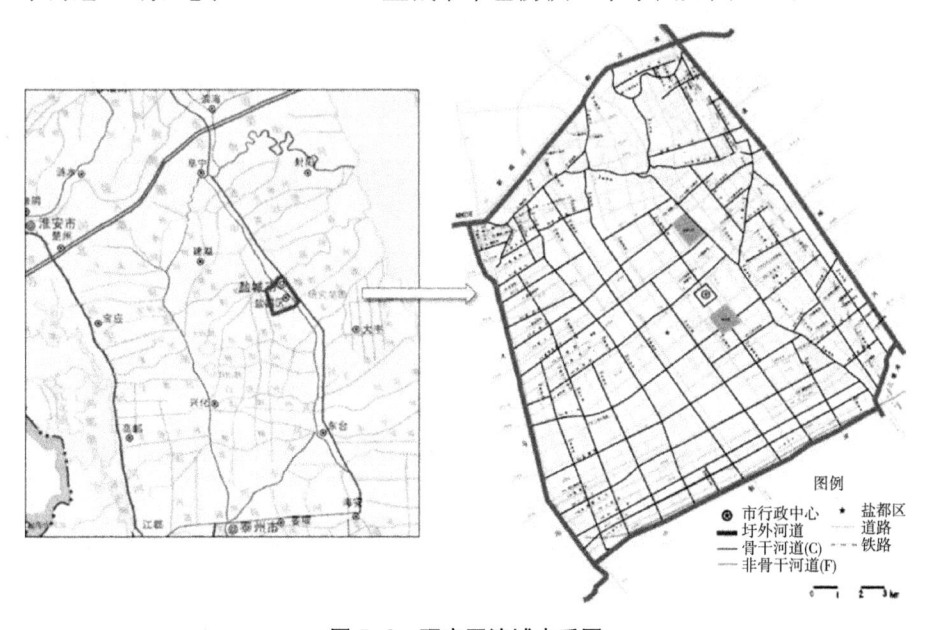

图 5-3 研究区流域水系图

5.1.4 水利工程

目前,盐城市第Ⅲ防洪区外围河道已建堤防总长约41.3 km,排涝泵站共15座,排涝规模为208 m^3/s(其中含双向泵站5座、40 m^3/s),圩区水闸共46座,圩外水闸共54座。现状堤防及现状排涝泵站统计见表5-1—表5-2;水利工程示意图见图5-4—图5-5。

表5-1 现状堤防统计表

编号	河道名称	起讫点	河长(m)	设计防洪标准(年)
1	蟒蛇河	大马沟—新越河	580	100
2	新越河	蟒蛇河—串场河	4 500	100
3	新洋港	串场河—通榆河	3 380	100
4	大马沟	蟒蛇河—小新河	10 700	100
5	小新河	大马沟—串场河	9 560	100
6	三墩港	串场河—通榆河	1 750	100
7	通榆河	三墩港—新洋港	10 800	100
	小计		41 270	

表5-2 现状排涝泵站统计表

序号	闸站名称	所在河道	排涝规模(m^3/s)	活水规模(m^3/s)
1	小洋河东支闸站	小洋河东支	20	
2	大新河闸站	大新河	20	
3	东伏河闸站	东伏河	20	
4	串场河西闸站	串场河	60	
5	小洋河灌排闸站	小洋河	18	18
6	朝阳河灌排站	朝阳河	4	4
7	小马沟闸站	小马沟	16	
8	西干渠闸站	西干渠	8	
9	向阳河灌排闸站	向阳河	6	6
10	第一沟闸站	第一沟	4	
11	利民河灌排闸站	利民河	6	6
12	分界河闸站	分界河	6	6

续表

序号	闸站名称	所在河道	排涝规模（m³/s）	活水规模（m³/s）
13	定向河闸站	定向河	4	
14	东干渠闸站	东干渠	12	
15	大寨河闸站	大寨河	4	
	合计		208	40

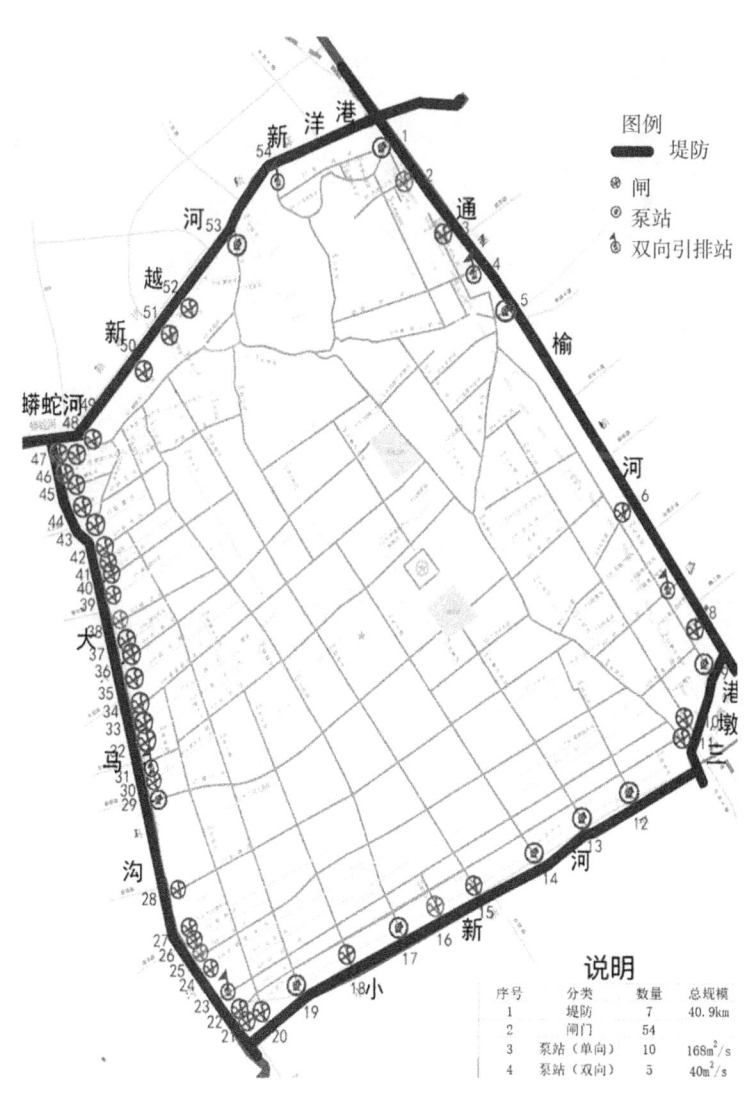

图 5-4 现状圩外堤防、闸、泵站分布图

图 5-5　现状圩内闸、泵站分布图

5.2　区域活水目标

提高盐城市中心城区河网水体流动性的同时改善水体水质是本书拟定活水方案的目标及要求。水体流速能够综合地反映出河道水动力条件，胡鹏等[115]研究结果显示,0.05 m/s 的流速是 DO 浓度和饱和度的拐点。流速从 0 增加到 0.05 m/s,不同水温条件下 DO 浓度升高幅度均超过 50%,饱和度均达到 90% 左右。从提升 DO 含量的角度,平原区河流最经济的流速是 0.05 m/s。蒋文清[116]的研究结果显示,发生水华的临界值在 0.08—0.1 m/s 之间,即流速在 0.08—0.1 m/s 之间,藻类生长得最快最好,叶绿素 a 的含量最高,最容易发生水华。当河道流速低于 0.08 m/s 或超过 0.1 m/s 时,藻类生长将会遭受阻力,水体富营养化很难形成。借鉴常州市城区河道流速 0.1 m/s 的活水标准[117],同时考虑工程经济性,本书制定双重流速目标,0.05 m/s 为经济性目标,0.1 m/s 为最优目标。结合引水水源水质,本书要求污染物浓度能够降低至 40 mg/L 以下。

研究区虽地势平坦,水流几乎静止,无明显自流趋势,但第Ⅲ防洪区外围闸站、泵站建设情况良好,切断了研究区与外围河道的联系,已经形成相对独立的圩内河网,结合泵站引清排污,能够打破水体静止状态,实现圩内河网水体按设计方向流动,提高水体流速,增加河流自净能力,置换河道污水,降低河道污染物浓度。故本书将从闸泵结合的调度方式出发,拟定针对研究区全区河网以及局部区域河网的活水方案。

5.3 活水方案拟定

5.3.1 引水水源水量水质分析

1. 外围河道

盐城市第Ⅲ防洪区四面环水,北至蟒蛇河、新越河、新洋港,南起小新河、三墩港,西临大马沟,东贴通榆河,属于里下河水系,外围河道水量充足。

为满足水质分析需求,于 2018 年 4 月 12 日—14 日对 6 条外围河道进行水质监测,监测频次为每日 2 次,监测指标主要为 COD、生化需氧量(BOD$_5$)、TP、氨氮、透明度、氧化还原电位、溶解氧。根据水质监测数据,大马沟、小新河、蟒蛇河、新洋港水质可满足《地表水环境质量标准》(GB 3838—2002)的Ⅳ类水质要求;通榆河氨氮、溶解氧指标超《地表水环境质量标准》Ⅲ类水质要求,其余指标符合Ⅲ类水质要求;三墩港各项水质监测指标均可达到地表水Ⅳ类水质要求。

2. 盐龙湖湿地

盐龙湖水源地位于盐城市盐都区龙冈镇境内,东至通冈河,北临蟒蛇河,西南侧则以东涡河、朱沥沟为界。工程设计总库容 500 万 m³，有效库容 460 万 m³，近期供水规模 30 万 m³/d，远期供水规模 60 万 m³/d，是我国在平原的首个人工湿地工程，在盐城众多水源地中扮演着重要的角色[118]。

2012 年 6 月工程建成通水，向城西水厂供水，原水管道为 2 根 DN 1400 钢管，管道过流能力 20 万 m³/d。2018 年底借用城西水厂管道进行盐龙湖余水排放，补水点为蟒南中心河（5 万 m³/d）、蟒龙河（5 万 m³/d）、前进河（10 万 m³/d），2020 年建成盐龙湖至盐塘河余水排放工程，管道供水能力 30 万 m³/d。

盐龙湖湿地目前为盐城市生活供水水源，水质满足Ⅲ类水指标要求。

3. 通榆河原水预处理厂

通榆河预处理水厂工程位于现有取水口西侧，建成后有效库容约 100 万 m³。工程预处理厂设计出水规模为 30 万 m³/d，蓄水池有效库容 100 万 m³，出水水质泵房出水接至现状 2 根 DN 1400 输水管上，输送至城东水厂，管道过流能力为 20 万 m³/d。考虑到余水排放要求及建设条件，2020 年对原水预处理厂至城东水厂管道进行扩容至 30 万 m³/d。

通榆河原水预处理厂现状未建成，但根据规划要求，其水质应不低于Ⅲ类水指标。引水水源分布见图 5-6。

图 5-6 引水水源分布图

5.3.2 活水调度方案拟定

1. 整体河网活水方案

研究区外围河道水量充足，水质良好，且地势西高东低、南高北低，河网规整，本次研究着重考虑东、西、南三侧引水，北侧排水，引水水质为Ⅳ类水，引水时长为 96 小时，讨论东、西、南三侧不同的引水规模对河网流动性和污染物浓度的影响，以确定东、西、南三侧的最佳引水规模，制定分别对整体河网及局部区域影响最优的活水方案。

研究区外围现状引水泵站数量较少，仅有 5 座，包括小洋河灌排站、朝阳河灌排站、分界河闸站、向阳河灌排闸站、利民河灌排闸站。因此，考虑调度方案中加入规划泵站，根据规划泵站位置分布情况，选取部分规划泵站用于引水。东侧引水泵站共 3 座，分别为大洋中心河闸站、朝阳河灌排站、分界河闸站，西侧引水泵站共 5 座，分别为致富沟灌排站、北港河闸站、利民河灌排闸站、盐塘河闸站、向阳河灌排闸站，南侧引水泵站 3 座，分别为丰收河闸站、前进河闸站、大寨河闸站。北侧引排水泵站共 2 座，分别为串场河西闸站、小洋河灌排闸站，其中串场河西闸站为排水泵站，小洋河灌排闸站为引水泵站。本次活水方案中引排水泵站位置分布见图 5-7。

为了确定西、东、南三侧引水泵站最佳引水规模和对整体河网活水效果最佳的活水方案，拟定以下 19 个活水方案。

方案 1—方案 4 讨论西侧 5 座引水泵站不同的引水规模对研究区河网流速分布及污染物浓度分布的影响，各泵站引水规模分别为 5 m^3/s、10 m^3/s、15 m^3/s、20 m^3/s；方案 5—方案 8 讨论东侧 3 座引水泵站及小洋河灌排站不同的引水规模对研究区河网流速分布及污染物浓度分布的影响，各泵站引水规模分别为 5 m^3/s、10 m^3/s、15 m^3/s、20 m^3/s；方案 9—方案 12 讨论南侧 3 座引水泵站不同的引水规模对研究区河网流速分布及污染物浓度分布的影响，各泵站引水规模分别为 5 m^3/s、10 m^3/s、15 m^3/s、20 m^3/s；方案 13—方案 15 讨论西侧、南侧组合引水的情况，西侧 5 座引水泵站引水规模均为 15 m^3/s，南侧 3 座引水泵站引水规模分别为 5 m^3/s、10 m^3/s、15 m^3/s；方案 16 讨论西侧、南侧、东侧组合引水的情况，西侧 5 座引水泵站引水规模均为 15 m^3/s，南侧 3 座引水泵站引水规模分别为 10 m^3/s，东侧 3 座引水泵站及小洋河灌排站引水规模为 5 m^3/s。方案 17—方案 19 讨论西侧、南侧组合的同时，加入小洋河灌排站引水的情况，西侧 5 座引水泵站引水规模均为 15 m^3/s，南侧 3 座引水泵站引水规模均为 10 m^3/s，小洋河灌排站引水规模分别为 5 m^3/s、

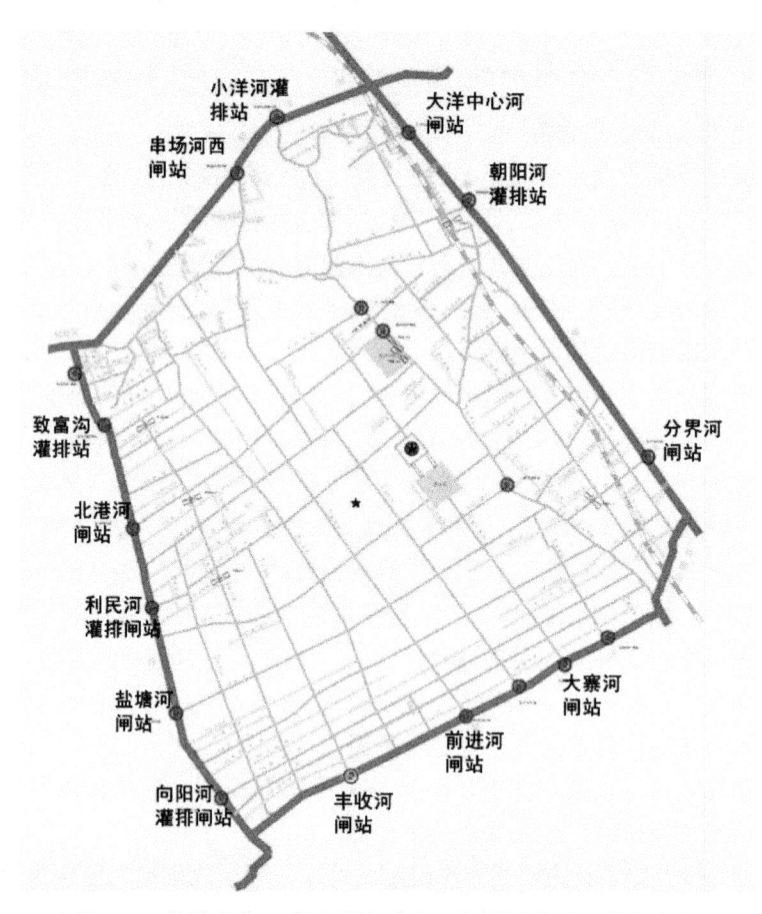

图 5-7 盐城市中心城区(第Ⅲ防洪区)引排水闸站位置分布图

$10 \mathrm{~m}^3/\mathrm{s}$、$15 \mathrm{~m}^3/\mathrm{s}$。各活水方案中,串场河西闸站为排水泵站,其排水流量遵循引排总水量相等的原则。具体活水方案见表 5-3。

2. 局部河网活水方案

借鉴盐城市调度工作中"两河三片"分区概念,本次研究将研究区河网以利民河、串场河、大新河为界限,分为 A、B、C、D 四个片区,具体分区情况见图 5-8。

经过对以上 19 种活水方案的讨论分析发现,D 区域引水来源较少,导致河网流动性较差,故将 D 区域独立出来,制定针对性活水方案。D 区活水方案考虑闸泵结合的方式,沿串场河分别在庄沟河、南中沟、飞机河、九支渠、徐巷河、分界河、史巷河河口设置闸门,北中沟、十字港、东伏河河口设置泵站,将 D 区域构建成相对封闭的局部研究区块,在方案 14 基础上设计活水方案 20。

第 5 章 基于闸站联调的平原河网型城市活水实践

表 5-3 活水方案表

方案	东侧引水				西侧引水				南侧引水			北侧引水	北侧排水
	大洋中心河闸站	朝阳河灌排站	分界河闸站	致富沟灌排站	北港河闸站	利民河灌排闸站	盐塘河闸站	向阳河灌排闸站	丰收河闸站	前进河闸站	大寨河闸站	小洋河灌排站	串场河西闸站
	m³/s	m³/s	m³/s	m³/s	m³/s	m³/s	m³/s	m³/s	m³/s	m³/s	m³/s	m³/s	m³/s
1				5	5	5	5	5					25
2				10	10	10	10	10					50
3				15	15	15	15	15					75
4				20	20	20	20	20					100
5	5	5	5									5	20
6	10	10	10									10	40
7	15	15	15									15	60
8	20	20	20									20	80
9									5	5	5		15
10									10	10	10		30
11									15	15	15		45
12									20	20	20		60
13				15	15	15	15	15	5	5	5		90
14				15	15	15	15	15	10	10	10		105
15				15	15	15	15	15	15	15	15		120
16	5	5	5	15	15	15	15	15	10	10	10	5	125
17				15	15	15	15	15	10	10	10	5	110

续表

方案	东侧引水			西侧引水				南侧引水			北侧引水	北侧排水
	大洋中心河闸站	朝阳河灌排站	分界河闸站	致富沟灌排站	北港河闸站	利民河灌排闸站	盐塘河闸站	向阳河灌排闸站	丰收河闸站	前进河闸站	大寨河闸站	小洋河灌排站	串场河西闸站
	m³/s	m³/s	m³/s	m³/s	m³/s	m³/s	m³/s	m³/s	m³/s	m³/s	m³/s	m³/s	m³/s
18				15	15	15	15	15	10	10	10	10	115
19				15	15	15	15	15	10	10	10	15	120

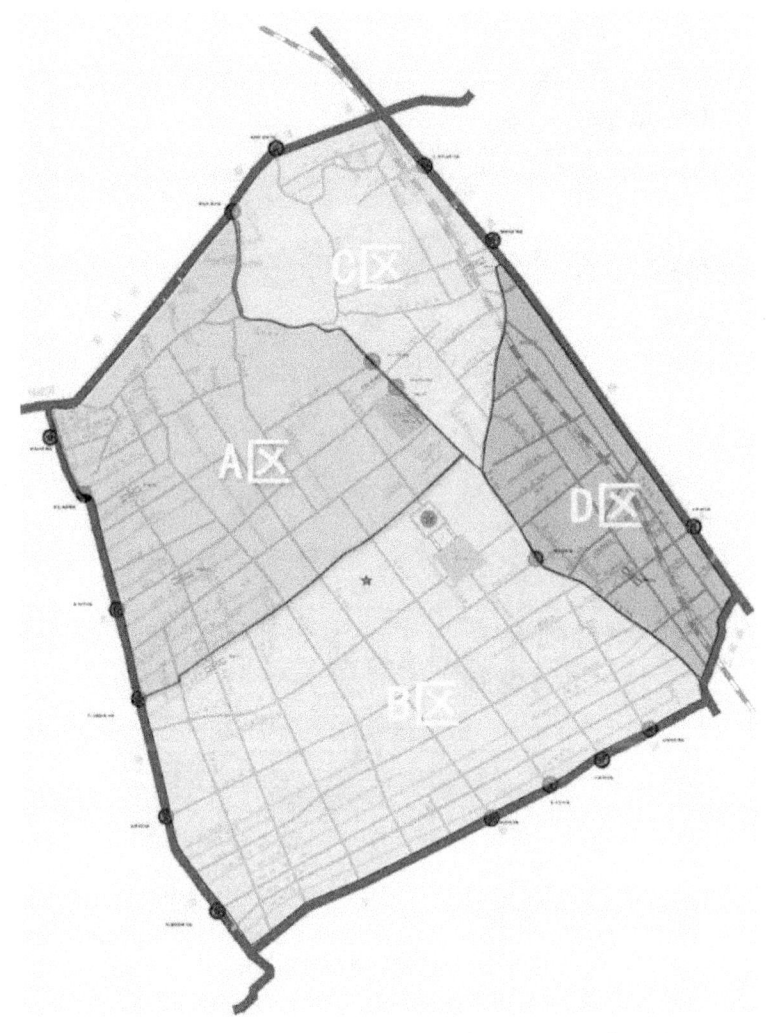

图 5-8　盐城市中心城区(第Ⅲ防洪区)河网水系分区图

方案 20 为河网整体以方案 14 进行活水的同时，D 区 1 号泵、2 号泵、3 号泵分别以 5 m³/s、5 m³/s、30 m³/s 抽出 D 区内部脏水，以降低 D 区内水位，增加区域内外水位差，当串场河水位上升至 1.3 m 时，开启闸门，利用水位差带动 D 区内河网流速，利用串场河水稀释区域内污染物浓度。D 区闸泵建筑物布置见图 5-9。

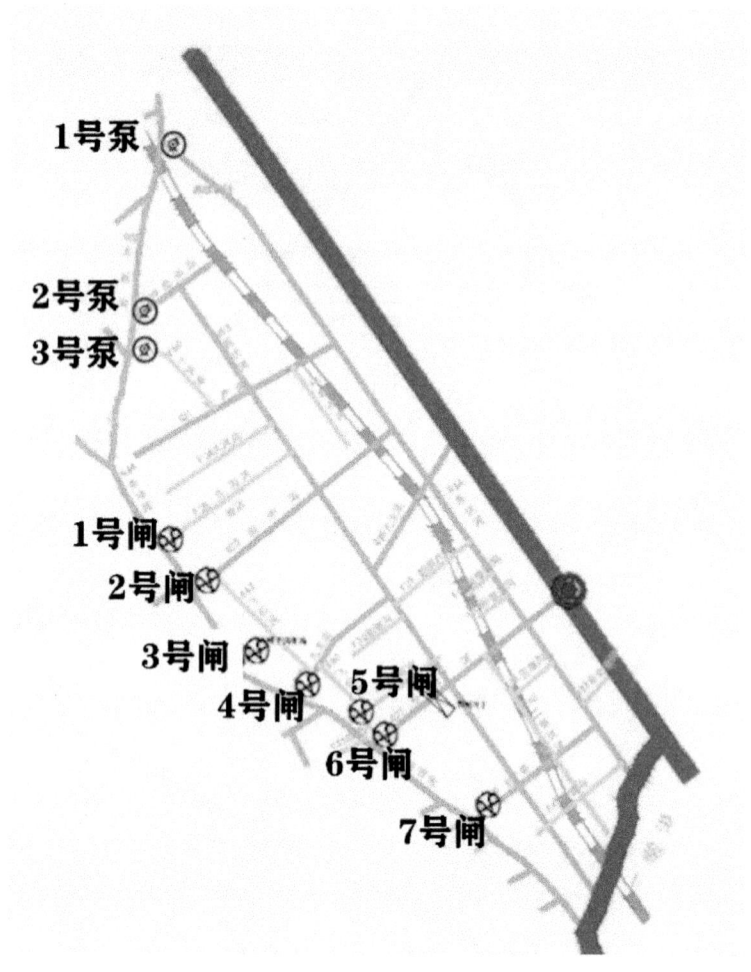

图 5-9 D 区闸泵建筑物布置图

5.4 盐城研究区水量水质耦合模型构建

1. 河网概化

本次研究河网包括蟒蛇河、新越河、新洋港、通榆河、三墩港、小新河、大马沟所包围的 118 条河道。模型概化了研究区共 118 条河道,900 余个节点,总长度 300 km。由于盐城市第Ⅲ防洪区圩外闸泵工程隔离了圩区河道与外围河道,本书将圩外闸站直接概化为闭边界,将 13 座圩外引排水泵站概化为流量型可控建筑物,将 D 区域周围的 1—7 号闸概化为底流型可控建筑物,

1—3号泵概化为流量型可控建筑物,总计16座引排水泵站及7座闸站,断面文件使用研究区实测断面成果,盐城市第Ⅲ防洪区水系概化图见图5-10。

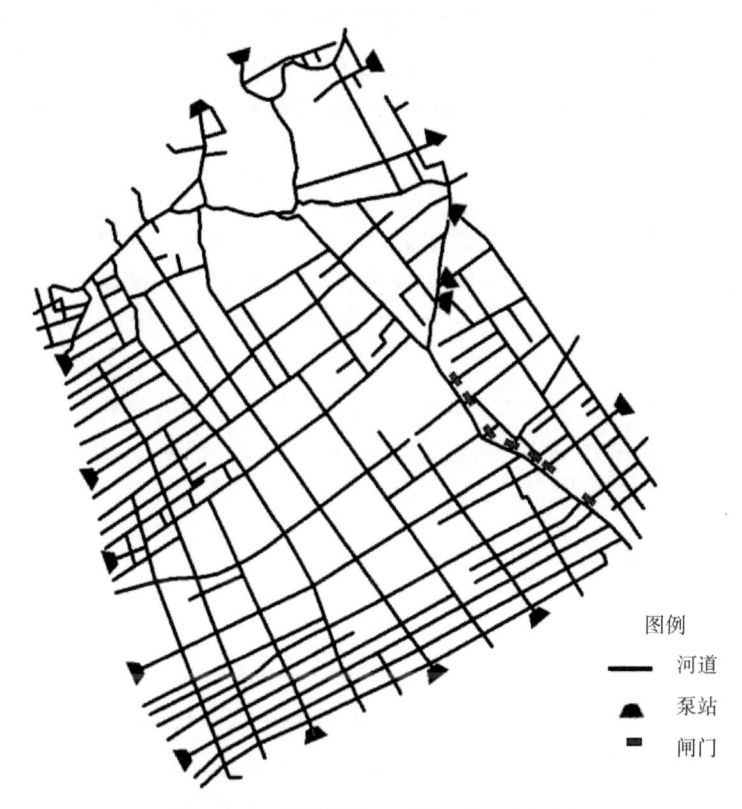

图例
— 河道
▲ 泵站
■ 闸门

图5-10 盐城市第Ⅲ防洪区水系概化图

2. 模型参数及边界条件

(1) MIKE11 HD模块参数文件

本书利用MIKE11模型进行活水调度研究,故不考虑初始流量,并使用盐城站多年平均水位0.7 m作为初始水位,论文采用曼宁系数n作为河床阻力,并采用统一法定义河床阻力,即不考虑断面的不同区域,如主槽、滩地等,同一个横断面使用同一个阻力值。局限于资料数据不足,无法进行参数率定及验证,模型中河床阻力参数采用经验值。根据地质资料及河道不同断面及护坡形式,同时参考《水力计算手册(第二版)》及《盐城市城市防洪规划》,本次研究河道糙率选择范围为0.025—0.035。

(2) MIKE11 AD模块参数文件

本次研究初始污染物浓度由实际检测数据平均值确定,COD初始浓度取

50 mg/L,NH_3-N 初始浓度取 1.3 mg/L,TP 初始浓度取 0.5 mg/L。局限于资料数据不足,扩散系数、降解系数无法进行参数率定及验证,则模型中扩散系数采用经验值。根据经验,模型中扩散系数取值范围为 5—20 m^2/s;模型中衰减系数采用参考值,参考长江南通段污染物降解系数[119],COD 降解系数在 0.01—0.051/d 之间取值,NH_3-N 降解系数在 0.037—0.156/d 之间取值。

(3) 边界条件

模型边界条件由内边界与外边界条件构成,本书所构建模型为活水调度模型,故外边界主要由泵站控制,而内边界则主要是点源、面源及内源污染的排放。本书考虑河道污染物负荷最不利情况,即加入初期雨水污染,采用雨天工况。

5.5 闸泵调度活水效果分析

5.5.1 评价方法

1. 水动力效果评价方法

模型运行时间为 4 天,即 96 个小时,由于引水规模的不同,河网流速分布达到稳定状态所需时长不尽相同,为保证分析所用数据来自流速分布基本稳定的时刻,本次水动力效果评价以模型运行第 96 个小时的流速为主要分析数据。

为了更加准确地描述河网流动性,本次研究将河网流速分为 4 个等级,分别为 0—0.02 m/s、0.02—0.05 m/s、0.05—0.1 m/s、0.1 m/s 以上。流速在 0—0.02 m/s 区间内,判定河道水体几乎静止;流速在 0.02—0.05 m/s 区间内,判定河道水体流速缓慢;流速在 0.05—0.1 m/s 区间内,判定河道水体流速较快,达到最经济目标;流速达到 0.1 m/s 以上,则判定河道水体流速很快,达到最优目标。

2. 水质效果评价方法

本次研究以 COD 作为代表污染物,其浓度的变化规律应适用于其他非保守物质[71]。本次水质效果评价以模型运行第 96 个小时的 COD 浓度为主要分析数据。

将 COD 浓度分为 4 个等级,分别是 50 mg/L 以上、40—50 mg/L、30—40 mg/L、30 mg/L 以下。污染物浓度达到 50 mg/L 以上,判定河网水质为劣Ⅴ类,污染物浓度很高;污染物浓度在 40—50 mg/L 区间内,判定河网水质为劣Ⅴ类,污染物浓度较高;污染物浓度在 30—40 mg/L 区间内,判定河网水质为Ⅴ类,污染物浓度较低,达到目标效果;污染物浓度在 30 mg/L 以下,判定河网水质达到Ⅳ类,污染物浓度低,达到目标效果。

5.5.2 整体区域活水方案效果评价

1. 西侧泵站活水方案效果评价

方案 1—方案 4 讨论西侧 5 座引水泵站不同的引水规模对研究区河网流速分布及污染物浓度分布的影响,各个方案单一泵站引水规模分别为 5 m³/s、10 m³/s、15 m³/s、20 m³/s。

1) 水动力效果评价

(1) 方案 1

方案 1 西侧各泵站引水规模为 5 m³/s 情况下,研究区河网流动性并没有很大的提高。仅 A、B 区域少数河道水体流速很快,达到 0.1 m/s,河网流动性达到了最优效果。A、B 区域横向河道,如增产河、八中河、向阳河、九总沟、盐都国庆沟、三河子、窑南河、刘迁朝阳河、盐塘河、第一沟、利民河、潘黄跃进河、北港河等水体流速较快,在 0.05—0.1 m/s 区间内,河道水体流动性达到经济性目标效果。A、B 区域纵向河道,如双纲河、西干渠、丰收河、小马沟南段、前进河南段、东干渠、大寨河北段、大寨河南段、定向河、串场河南段等水体流速不理想,局部河段流速在 0.02—0.05 m/s 区间内,水体流速缓慢,大部分河段流速在 0—0.02 m/s 区间,水体几乎静止。C、D 区域整体流动性很差,除亭湖小新河、肉联厂北侧沟、朝阳河、大洋跃进河流速缓慢以外,区域内其他河道流速均低于 0.02 m/s,河道水体几乎静止。

(2) 方案 2

方案 2 西侧各泵站引水规模扩容至 10 m³/s,研究区河网流动性相较方案 1 有所提高。A 区域河道、B 区域横向河道水体流速大部分达到 0.1 m/s,仅少部分河段流速在 0.05—0.1 m/s 区间内,但 B 区域纵向河道水体流速仍然低于 0.05 m/s,且存在不少静止河段。C、D 区域整体流动性仍然比较差,仅东小新河、朝阳河、东跃进河河道流速相对较好,达到 0.05 m/s 以上,但区域内其他河道流速较小,以静止为主。

(3) 方案 3

方案 3 西侧各泵站引水规模扩容至 15 m³/s,研究区河网流动性相较方案 2 有所提高,A 区域河道、B 区域横向河道水体流速绝大部分都达到 0.1 m/s,河道水体流速很快,达到最优效果,B 区域纵向河道水体流速同样有所提高,但仍存在较多水体静止河段。C、D区域整体流动性仍然比较差,仅东小新河、朝阳河、东跃进河河道流速相对较好,达到 0.05 m/s 以上,但区域内其他河道流速较小,以静止为主。

(4) 方案 4

方案 4 西侧各泵站引水规模扩容至 20 m³/s,研究区河网流速情况与方案 3 基本一致,没有明显提高。

方案 1—方案 4 研究区河网流速分级图见图 5-11。

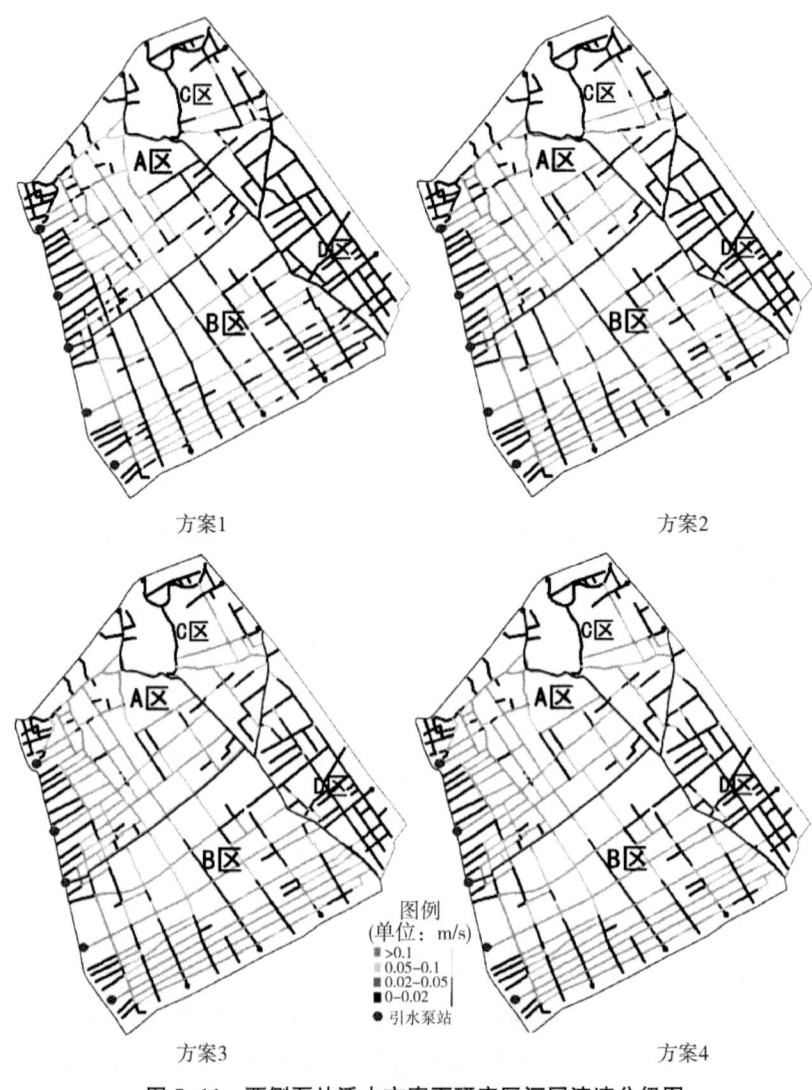

方案1

方案2

方案3

方案4

图例
(单位：m/s)
■ >0.1
■ 0.05—0.1
■ 0.02—0.05
■ 0—0.02
● 引水泵站

图 5-11 西侧泵站活水方案下研究区河网流速分级图

2) 水质效果评价

（1）方案1

方案1西侧各泵站引水规模为 5 m³/s，研究区整体河网水质一般。A、B区域河道水体 COD 浓度均降低至 40 mg/L 以下，满足目标效果。其中 A 区域小马沟以西河道大部分水体、B 区域大部分河道水体 COD 浓度低于 30 mg/L，达到Ⅳ类水，A 区域小马沟以东绝大部分河道、B 区域东部部分河道水体 COD 浓度在 30—40 mg/L 区间内，为Ⅴ类水标准。C、D 区域水质不太理想，区域内所有河道 COD 浓度均高于 40 mg/L，且有少部分河道 COD 浓度超过 50 mg/L。

（2）方案2

方案2西侧各泵站引水规模扩容至 10 m³/s，研究区整体河网水质相较方案1有所提升。A、B 区域水体污染物浓度低于 30 mg/L 的河道范围有所增加，但仍在小马沟以西范围内，其余河道水体 COD 浓度在 30—40 mg/L 区间内，为Ⅴ类水标准。C、D 区域河道水体污染物浓度有所下降，COD 浓度超过 50 mg/L 的河道基本消失，且近一半河道 COD 浓度降低至 30—40 mg/L 区间内。

（3）方案3

方案3西侧各泵站引水规模扩容至 15 m³/s，研究区整体河网水质相较方案2略有提升。A、B 区域河网水体 COD 浓度低于 30 mg/L 的河道范围略有增加。C、D 区域河道水体污染物浓度有所下降，除小洋河东支、海纯河、小洋河北部等，区域内其余河道 COD 浓度降低至 30—40 mg/L 区间内。

（4）方案4

方案4西侧各泵站引水规模扩容至 20 m³/s，研究区整体河网水质与方案3基本一致。

方案1—方案4研究区河网 COD 浓度分级图见图 5-12。

通过以上对方案1—方案4的活水效果分析可得出以下结论：

（1）由于 A 区域同时靠近西侧引水泵站及北侧排水泵站，该区域横向河道及纵向河道相较于其他区域流动性较好。B 区域横向河道靠近西侧引水泵站，故横向河道水体流动性比较好。

（2）B 区域纵向河道距离北侧排水泵站较远，C、D 区域与西侧引水泵站距离较远，故西侧 5 座引水泵站对 B 区域纵向河道、C、D 区域绝大部分河道流动性影响力不足，增加引水泵站引水规模对其河道水体流速无明显影响，河道水体仍以静止为主。

方案1

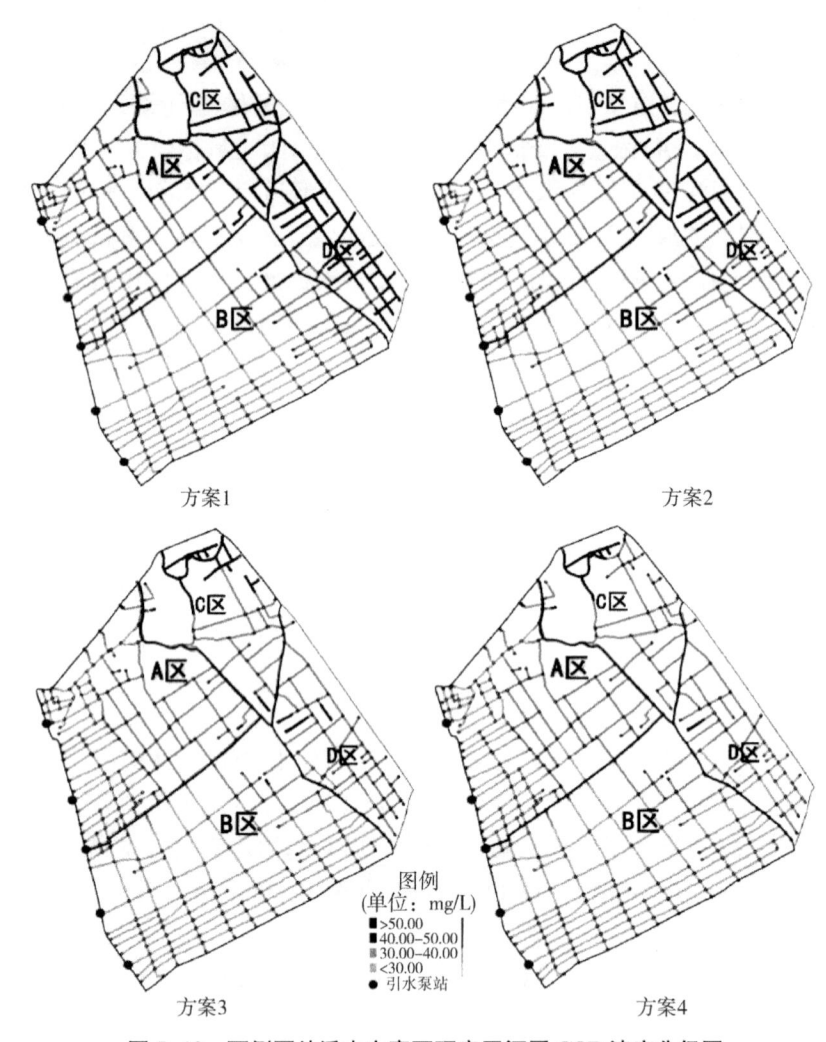

方案2

方案3

图例
(单位：mg/L)
■ >50.00
■ 40.00—50.00
■ 30.00—40.00
□ <30.00
● 引水泵站

方案4

图 5-12　西侧泵站活水方案下研究区河网 COD 浓度分级图

（3）由于排水泵站位于河网北侧，引排水开始后，B 区域水质不好的水体需要先流经 A 区域再由泵站排出研究区河网，故 B 区域水质达标范围较 A 区域更广。

（4）西干渠以西河道污染源分布较少，故在流速几乎为零的情况下，水体水质仍能达到较好的水平。

（5）C、D 区域距离引水泵站较远，清洁水源较难达到，水质难以改善。

（6）西侧 5 座引水泵站引水规模达到 15 m³/s 后，增加引水规模无法提高河网流速，引水泵站影响范围无法继续扩大，同时河网水质改善也无法达到更好的效果,故认为 15 m³/s 是西侧各引水泵站最佳引水规模。

2. 东侧泵站及小洋河灌排站组合活水方案效果评价

方案 5—方案 8 讨论东侧 3 座引水泵站及小洋河灌排站不同的引水规模对研究区河网流速分布及污染物浓度分布的影响,各个方案单一泵站引水规模分别为 5 m³/s、10 m³/s、15 m³/s、20 m³/s。

1) 水动力效果评价

(1) 方案 5

方案 5 东侧各泵站及小洋河灌排站引水规模为 5 m³/s,研究区河网整体流动性较差。A、B 区域绝大部分河道水体流速低于 0.05 m/s,且存在大量静止河段。C、D 区域除小洋河东支、小洋河、朝阳河、亭湖小新河水体流速超过 0.05 m/s 之外,其余河道流速缓慢,且大部分河道几乎静止。

(2) 方案 6

方案 6 东侧各泵站及小洋河灌排站引水规模为 10 m³/s,研究河网整体流速相较于方案 5 有所提高。A 区域部分纵向河道,如小马沟大部分河段、杨中河中部河段、前进河局部河段、油坊沟流速很快,达到 0.1 m/s,部分横向河道如小一沟东段、北港河、潘黄跃进河东部河段、利民河东部河段流速较快,在 0.05—0.1 m/s 之间,小马沟以西仍有大部分河道处于静止状态。B 区域流动性较差,绝大部分河网流速低于 0.05 m/s,且有大部分河道几乎静止。C、D 区域亭湖小新河以北部分河道流动性很好,绝大部分河道流速超过 0.1 m/s,其余河道流动性一般,流速大都低于 0.05 m/s。

(3) 方案 7

方案 7 东侧各泵站及小洋河灌排站引水规模为 15 m³/s,研究河网整体流速相较于方案 6 提高较为明显。A 区域纵向河道,如西干渠、吴杨生产河、朱庄中心河、小马沟、杨中河、前进河等,流速很快,区域内整段水体流速均超过 0.1 m/s,小马沟以西大部分河道仍保持静止状态。B 区域大部分河道流速较快,流速在 0.05—0.1 m/s 之间,但仍有大部分河道保持静止。C、D 区域河道水体流动性没有明显提升。

(4) 方案 8

方案 7 东侧各泵站及小洋河灌排站引水规模为 20 m³/s,研究河网整体流速相较于方案 7 基本一致。

方案 5—方案 8 研究区河网流速分级图见图 5-13。

方案5　　　　　　　　　　　　　　　　方案6

方案7　　　　　　　　　　　　　　　　方案8

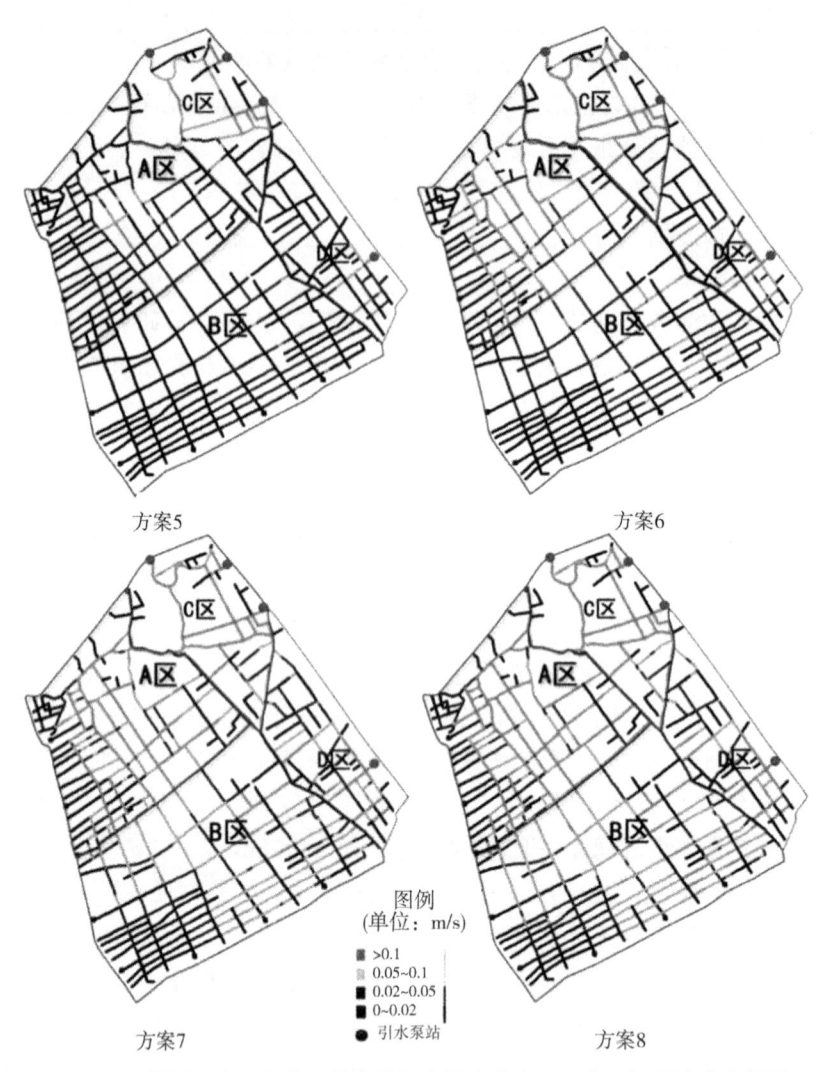

图例
(单位：m/s)
>0.1
0.05~0.1
0.02~0.05
0~0.02
● 引水泵站

图 5-13　东侧泵站及小洋河灌排站组合活水方案下研究区河网流速分级图

2）水质效果评价

（1）方案 5

方案 5 东侧各泵站及小洋河灌排站引水规模为 5 m³/s，研究区河网整体水质较差。A、B 区域油坊沟、耿伙界沟、东干渠以西区域河网水质较差，水体中 COD 浓度较高，介于 40—50 mg/L 之间，且存在个别河段 COD 浓度超过 50 mg/L，油坊沟、耿伙界沟、东干渠以东区域 COD 浓度较低，在 30—40 mg/L 之间。C、D 区域河网水质较好，河道水体 COD 浓度均低于 40 mg/L，达到目标效果,其中小洋河东支、小洋河 COD 浓度更是低于 30 mg/L。

(2) 方案 6

方案 6 东侧各泵站及小洋河灌排站引水规模扩容至 10 m³/s,研究区河网整体水质较方案 5 略有改善。A、B 区域 COD 浓度在 30—40 mg/L 之间的河道数量增加,范围向西扩大至小马沟、双纲河。C、D 区域 COD 浓度达到目标效果的河道数量也略有增加。

(3) 方案 7

方案 7 东侧各泵站及小洋河灌排站引水规模扩容至 15 m³/s,研究区河网整体水质较方案 6 有明显改善。A、B 区域河道水体 COD 浓度全面降至 40 mg/L 以下,污染物浓度介于 40—50 mg/L 之间的河道基本消失。C、D 区域水质情况与方案 6 基本一致。

(4) 方案 8

方案 8 东侧各泵站及小洋河灌排站引水规模扩容至 20 m³/s,研究区河网整体水质较方案 7 有所改善。污染物浓度低于 30 mg/L 的河道范围进一步扩大。

方案 5—方案 8 研究区河网 COD 浓度分级图见图 5-14。

通过以上对方案 5—方案 8 的活水效果分析可得出以下结论:

(1) 由于 A 区域距离排水泵站较近,故 A 区域纵向河道流动性更好。C 区域亭湖小新河以北河道被三座引水泵站围绕,且离引水泵站较近,故河道水体流动性较好。

(2) 西侧泵站及小洋河灌排站除对 A 区域纵向河道及 C 区域亭湖小新河以北河道有积极影响外,对研究区河网其他部分河道水体影响并不明显。

(3) 西侧泵站及小洋河灌排站对研究区河网水质提升贡献不大,随着引水规模的增加,河网水体污染物浓度并没有大范围降至 30 mg/L,仅有局部河道达到目标效果。

(4) C、D 区域河网水体污染物浓度并没有因为与引水泵站距离近而大范围达到目标效果,仅 C 区域小洋河、小洋河东支及 D 区域南部部分河道水质有较大改善。

(5) 东侧 3 座引水泵站及小洋河灌排站引水规模达到 15 m³/s 后,增加引水规模无法提高河网流速,引水泵站影响范围无法继续扩大,同时河网水质没有明显改善,故认为 15 m³/s 是东侧各引水泵站及小洋河灌排站最佳引水规模。

方案5 方案6

方案7 方案8

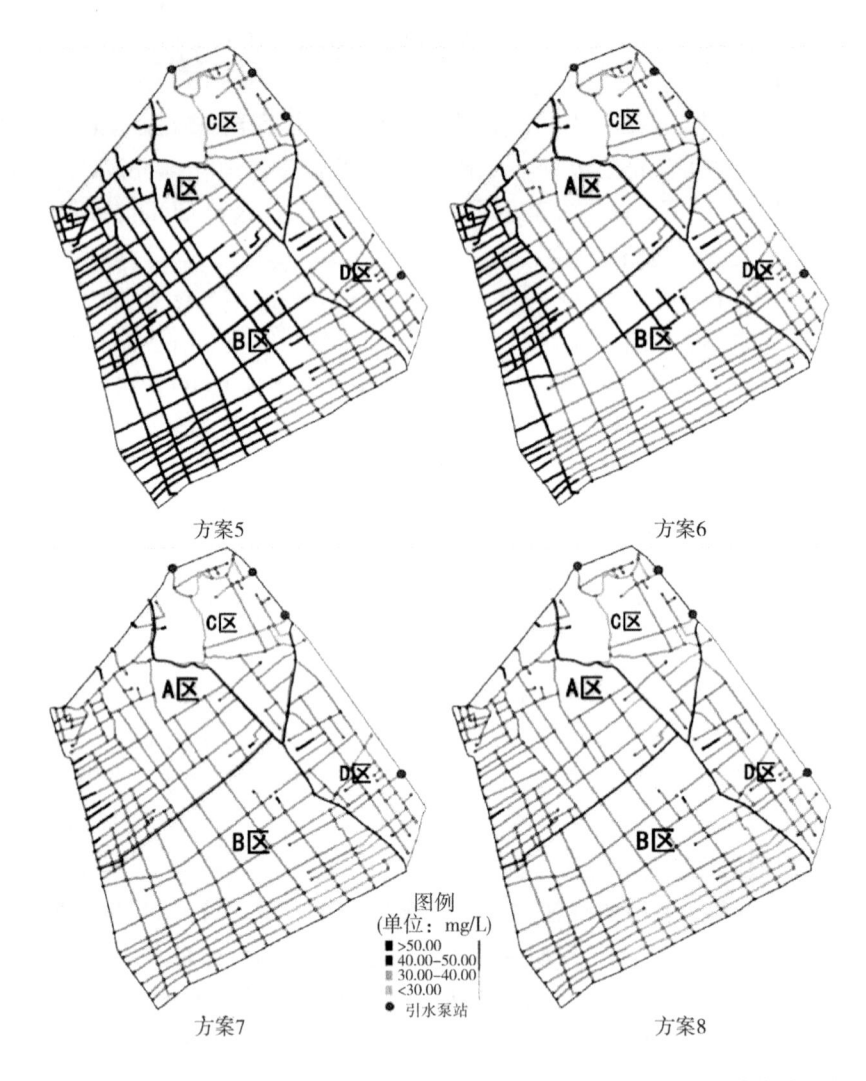

图例
(单位: mg/L)
■ >50.00
■ 40.00—50.00
■ 30.00—40.00
□ <30.00
● 引水泵站

图 5-14　东侧泵站及小洋河灌排站组合活水方案下研究区河网 COD 浓度分级图

3. 南侧泵站活水方案效果评价

方案 9—方案 12 讨论南侧 3 座引水泵站不同的引水规模对研究区河网流速分布及污染物浓度分布的影响,各个方案单一泵站引水规模分别为 5 m³/s、10 m³/s、15 m³/s、20 m³/s。

1) 水动力效果评价

(1) 方案 9

方案 9 南侧各泵站引水规模为 5 m³/s,研究区河网整体流动性较差。A、

B区域横向河道流速大部分低于0.05 m/s，且存在大量静止河段。A、B区域纵向河道仅有西干渠北段、小马沟、前进河局部河段、油坊沟局部河段、东干渠局部河段流速较快，位于0.05—0.1 m/s之间，其余河段流动性并不理想。C、D区域河网水体流动性较差，绝大部分河道处于静止状态。

(2) 方案10

方案10南侧各泵站引水规模扩容至10 m^3/s，研究区河网整体流动性相较于方案9得到提高。A、B区域纵向河道，如西干渠局部河段、丰收河、小马沟、前进河局部河段、油坊沟局部河段、东干渠局部河段水体流动性很好，流速达到0.1 m/s以上，其余纵向河道大都流速位于0.05—0.1 m/s之间。A、B区域横向河道，少部分流动很好，流速达到0.1 m/s，如增产河大部分河段、八中河局部河段、向阳河局部河段等，同时小马沟以西的横向河道流动性很差，大量河段流速几乎为0，基本静止。C、D区域流动性仍然没有明显提高，仅朝阳河、亭湖小新河部分河段流速较快，在0.05—0.1 m/s之间。

(3) 方案11

方案11南侧各泵站引水规模扩容至15 m^3/s，研究区河网整体流动性相较于方案10有明显提升。A、B区域流速达标的纵向河道数量明显增多，但横向河道流速相较于方案10并没有明显加快。C、D区域河道水体流动性相较于方案10也没有明显的提高。

(4) 方案12

方案12南侧各泵站引水规模扩容至20 m^3/s，研究区河网整体流动性与方案11基本一致。

方案9—方案12研究区河网流速分级图见图5-15。

2) 水质效果评价

(1) 方案9

方案9南侧各泵站引水规模为5 m^3/s，研究区河网整体水质较差。A区域大部分河道COD浓度在30—40 mg/L之间，但同时存在COD浓度较高的河道，如油坊沟、大寨河北段、耿伙界沟等。B区域整体水质较好，河道水体基本达到目标浓度，更有大量的河道COD浓度低于30 mg/L。C、D区域水质较差，大部分河道COD浓度高于40 mg/L。

(2) 方案10

方案10南侧各泵站引水规模扩容至10 m^3/s，研究区河网整体水质较方案9略有改善。A区域整体河网水体COD浓度基本降低至30—40 mg/L之间。B区域COD浓度低于30 mg/L的河道范围进一步扩大，占B区域河网

方案9　　　　　　　　　　　　　方案10

方案11　　　　　　　　　　　　方案12

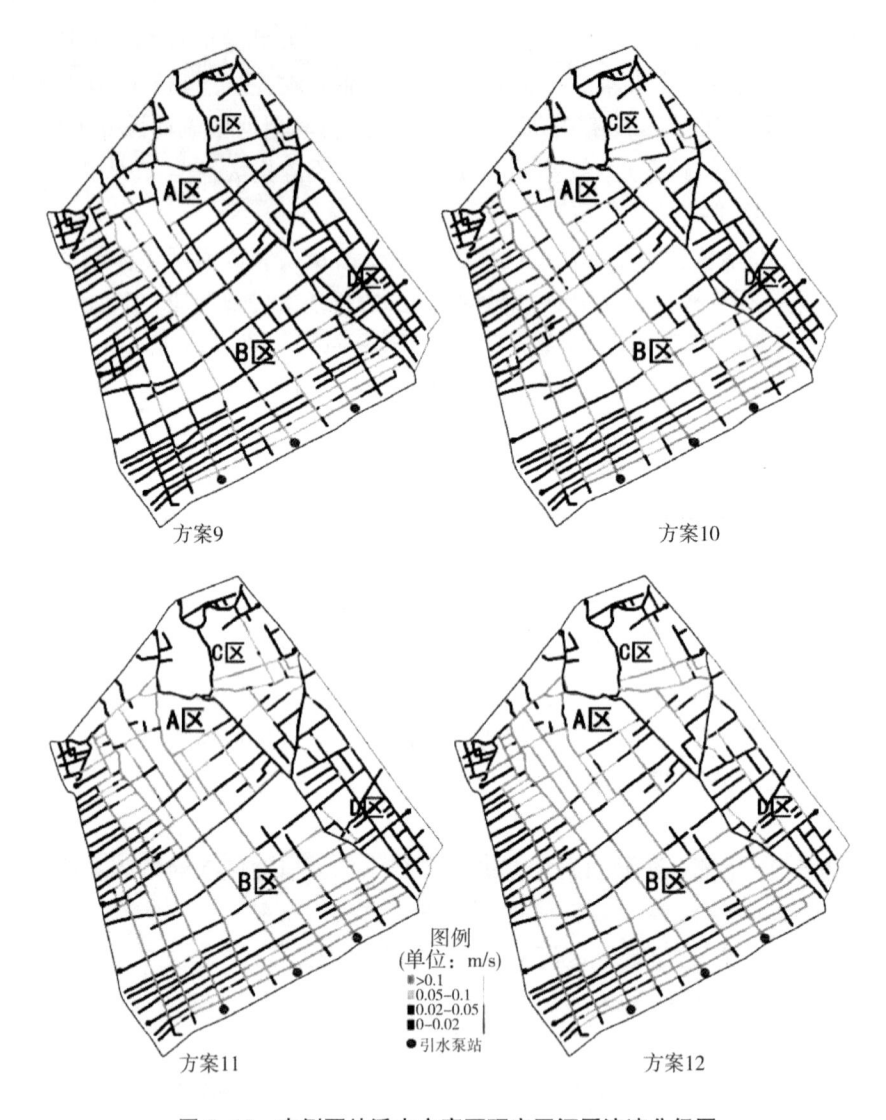

图例
(单位：m/s)
■ >0.1
■ 0.05—0.1
■ 0.02—0.05
■ 0—0.02
● 引水泵站

图 5-15　南侧泵站活水方案下研究区河网流速分级图

的大部分。C、D 区域除朝阳河以东河道 COD 浓度较高，在 40—50 mg/L 之间，其余河道 COD 浓度基本降至 30—40 mg/L 之间。

(3) 方案 11

方案 11 南侧各泵站引水规模扩容至 15 m³/s，研究区河网整体水质较方案 10 略有改善。A 区域部分河道 COD 浓度降至 30 mg/L 以下。B 区域河道水质与方案 10 基本一致。C、D 区域除朝阳河、大洋跃进河 COD 浓度降低至 30—40 mg/L 之间,其余河道水质情况与方案 10 基本一致。

(4) 方案 12

方案 12 南侧各泵站引水规模扩容至 20 m³/s,研究区河网整体水质与方案 11 基本一致。

方案 9—方案 12 研究区河网 COD 浓度分级图见图 5-16。

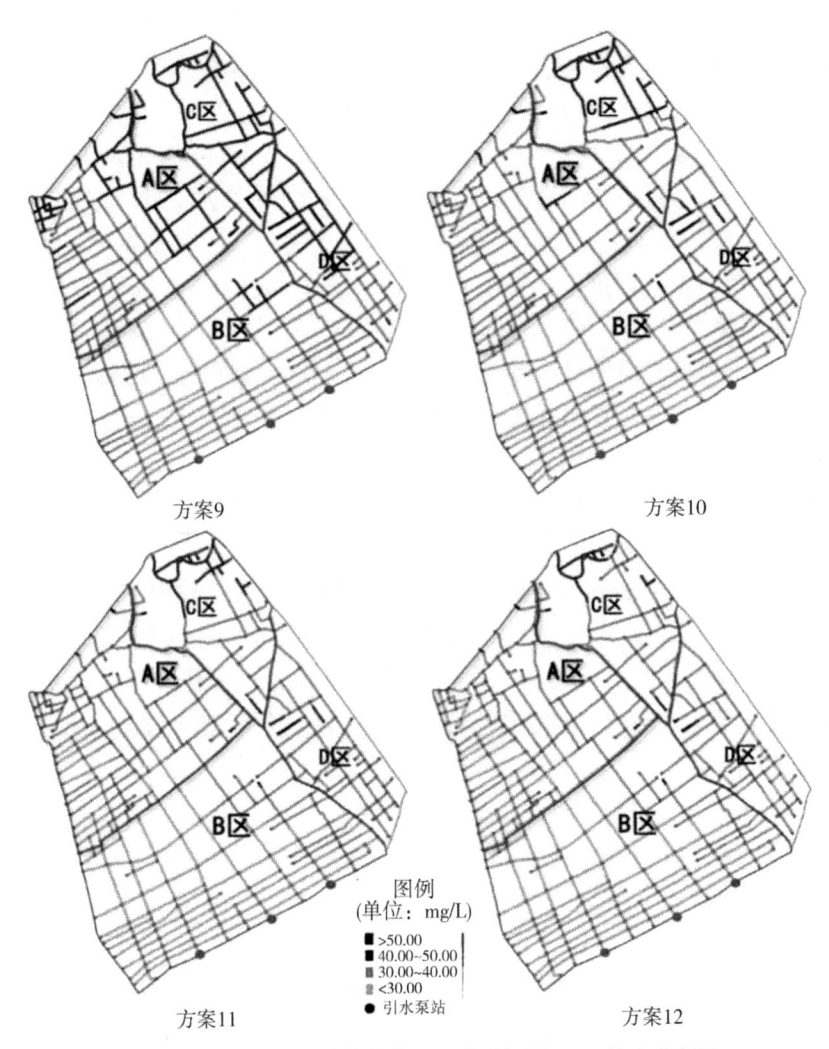

方案9

方案10

方案11

方案12

图例
(单位：mg/L)
■ >50.00
■ 40.00~50.00
■ 30.00~40.00
□ <30.00
● 引水泵站

图 5-16 南侧泵站活水方案下研究区河网 COD 浓度分级图

通过以上对方案 9—方案 12 的活水效果分析可得出以下结论:
(1) 南侧泵站对 A、B 区域纵向河道影响力较大,随着引水规模的增大,

163

A、B 区域纵向河道能够达到目标流速。但南侧泵站引水对研究区其他河道没有太多积极影响。

(2) 南侧泵站对 B 区域河网水质的提升有较大作用，对其他区域河道水质提升影响不大。

(3) 南侧 3 座引水泵站引水规模达到 15 m³/s 后，增加引水规模无法提高河网流速，引水泵站影响范围无法继续扩大，同时河网水质无法进一步改善，故认为 15 m³/s 是南侧各引水泵站最佳引水规模。

4. 西侧、南侧泵站组合活水方案效果评价

方案 13—方案 15 讨论西侧、南侧组合引水的情况，西侧 5 座引水泵站引水规模均为 15 m³/s，南侧单一泵站引水规模分别为 5 m³/s、10 m³/s、15 m³/s。

1) 水动力效果评价

(1) 方案 13

方案 13 西侧各泵站引水规模为 15 m³/s，南侧各泵站引水规模为 5 m³/s。相较于方案 3，即仅有西侧泵站引水且引水规模为 15 m³/s 的情况，A、B 区域纵向河道水体流速有所加快，但仅有局部河段流速超过 0.1 m/s，流动性改善情况并不明显，研究区其他河道流速分布情况与方案 3 基本一致。

(2) 方案 14

方案 14 西侧各泵站引水规模为 15 m³/s，南侧各泵站引水规模为 10 m³/s。相较于方案 13，A、B 区域纵向河道流速提高明显，纵向河道整条河段流速均超过 0.1 m/s，同时，A、B 区域横向河道流动性基本达到最优效果。但 C、D 区域除亭湖小新河、朝阳河、大洋跃进河之外，其他河道流速不大，流动性不理想。

(3) 方案 15

方案 15 西侧各泵站引水规模为 15 m³/s，南侧各泵站引水规模为 15 m³/s。研究区河网流速分布情况与方案 14 基本一致。

方案 13—方案 15 研究区河网流速分级图见图 5-17。

2) 水质效果评价

(1) 方案 13

方案 13 西侧各泵站引水规模为 15 m³/s，南侧各泵站引水规模为 5 m³/s。相较于方案 3，即仅有西侧泵站引水且引水规模为 15 m³/s 的情况，研究区 COD 浓度低于 30 mg/L 的河道范围略有扩大，但总体上 COD 浓度分布情况无明显差异。

方案13

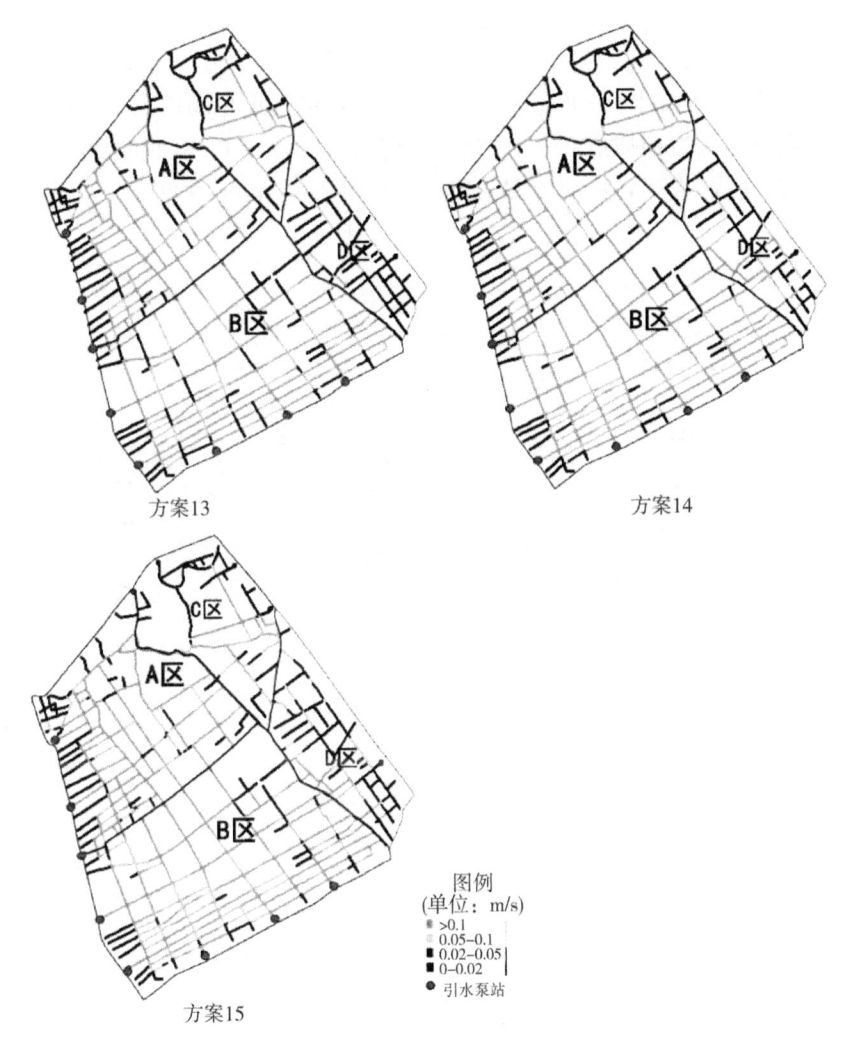

方案14

方案15

图例
(单位：m/s)
■ >0.1
■ 0.05—0.1
■ 0.02—0.05
■ 0—0.02
● 引水泵站

图 5-17　西侧、南侧泵站组合活水方案下研究区河网流速分级图

(2) 方案 14

方案 14 西侧各泵站引水规模为 15 m³/s,南侧各泵站引水规模为 10 m³/s。相较于方案 13,研究区 COD 浓度低于 30 mg/L 的河道范围进一步扩大,研究区河网水体水质改善效果提升较为明显。A、B 区域仅油坊沟、小一沟部分河段、耿伙界沟、大寨河北段、二河子东段、风景河等河道水体 COD 浓度在 30—40 mg/L 之间。C、D 区域河网基本达到目标浓度,庄沟河以南河道 COD 浓度均降低至 30 mg/L 以下。

(3) 方案 15

方案 15 西侧各泵站引水规模为 15 m³/s,南侧各泵站引水规模为 15 m³/s。相较于方案 14,研究区 COD 浓度低于 30 mg/L 的河道范围扩大至更广,C、D 区域亭湖小新河以南河道 COD 浓度基本降至 30 mg/L 以下,仅海纯河、小洋河、小洋河东支、大洋跃进河等 COD 浓度在 30—40 mg/L 之间。

方案 13—15 研究区河网 COD 浓度分级图见图 5-18。

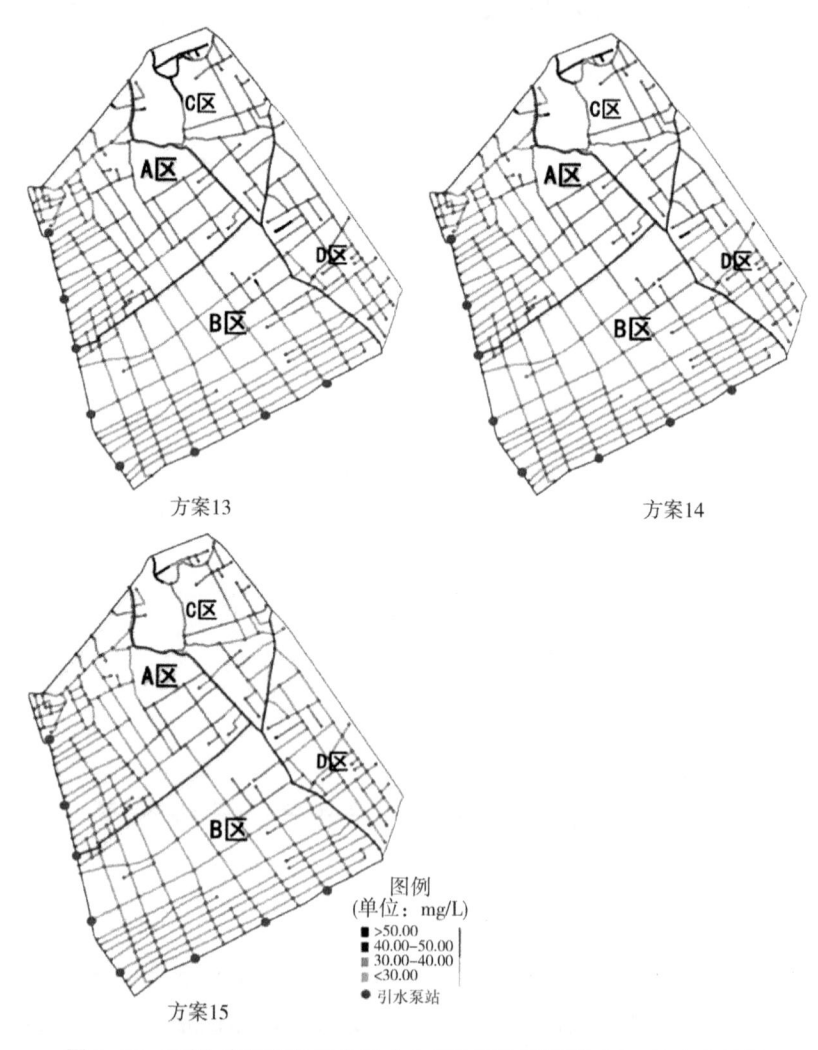

图 5-18　西侧、南侧泵站组合活水方案下研究区河网 COD 浓度分级图

通过以上对方案 13—方案 15 的活水效果分析可得出以下结论:

(1) 西侧泵站与南侧泵站组合引水后,弥补了西侧泵站对 A、B 区域纵向河道影响力较弱的不足,使得 A、B 区域纵向河道流速基本超过 0.1 m/s,达到目标流速,A、B 区域总体流动性也达到了较好的水平。但 C、D 区域河道水体流速仍然较低,区域河网总体流动性不足。

(2) 西侧泵站与南侧泵站组合引水后,随着南侧泵站引水规模的增加,C、D 区域河网污染物浓度有较大范围的降低,总体上,研究区河网水质达到了较好的水平。

(3) 南侧 3 座引水泵站引水规模达到 10 m³/s 后,增加引水规模河网水质可以得到进一步改善,但无法提高 C、D 区域河网流速,引水泵站影响范围无法继续扩大,故认为 10 m³/s 是西侧、南侧组合引水情况下,南侧引水泵站最佳引水规模。

5. 西侧、南侧、东侧泵站组合活水方案效果评价

方案 16 讨论西侧、南侧、东侧组合引水情况,西侧 5 座引水泵站引水规模均为 15 m³/s,南侧 3 座引水泵站引水规模均为 10 m³/s,东侧 3 座引水泵站及小洋河灌排站引水规模均为 5 m³/s。

对比方案 14,即西侧各泵站引水规模为 15 m³/s,南侧各泵站引水规模为 10 m³/s,研究区河网流动性不升反降,主要表现在 B 区域横向及纵向河道,河道流速均有不同程度的下降。考虑原因为西侧泵站与东侧泵站引水方向对立,且研究区河网形状规整,大量河道呈井字形,容易产生水流对冲现象,导致部分河网水体流速不增反减,对河网流动性无法产生积极影响,无法改善河道水质,还造成了清洁水源的消耗、浪费,故本次研究暂不考虑东侧泵站与西侧、南侧泵站组合引水的情况。方案 16 研究区河网流速分级图见图 5-19。

6. 西侧、南侧、小洋河灌排站组合活水方案效果评价

方案 17—方案 19 讨论西侧、南侧组合的同时,加入小洋河灌排站引水的情况,西侧 5 座引水泵站引水规模均为 15 m³/s,南侧 3 座引水泵站引水规模均为 10 m³/s,小洋河灌排站引水规模分别为 5 m³/s、10 m³/s、15 m³/s。

1) 水动力效果评价

(1) 方案 17

方案 17 西侧各泵站引水规模为 15 m³/s,南侧各泵站引水规模为 10 m³/s,小洋河灌排站引水规模为 5 m³/s。对比方案 14,即西侧各泵站引水规模为 15 m³/s,南侧各泵站引水规模为 10 m³/s,小洋河及小洋河东支河道水体流速略有增大,但增幅很有限,研究区其他河道流速分布与方案 14 基本一致。

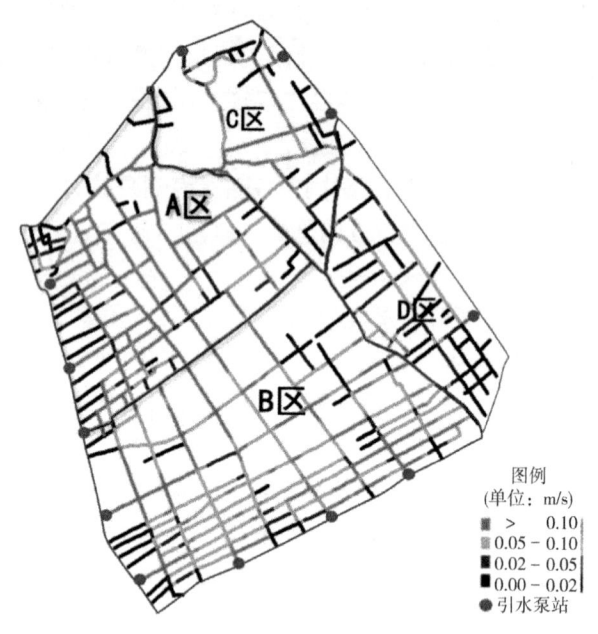

图 5-19　方案 16 下研究区河网流速分级图

(2) 方案 18

方案 18 西侧各泵站引水规模为 15 m³/s,南侧各泵站引水规模为 10 m³/s,小洋河灌排站引水规模为 10 m³/s。对比方案 17,小洋河局部河段流速达到 0.1 m/s,研究区其他河道流速分布与方案 17 基本一致。

(3) 方案 19

方案 19 西侧各泵站引水规模为 15 m³/s,南侧各泵站引水规模为 10 m³/s,小洋河灌排站引水规模为 15 m³/s。对比方案 17,小洋河全部河段流速达到 0.1 m/s,研究区其他河道流速分布与方案 17 基本一致。

方案 17—19 研究区河网流速分级图见图 5-20。

2) 水质效果评价

方案 17—方案 19 对比方案 14,研究区河网 COD 浓度分布基本一致,但河网水体水质总体情况较好,污染物浓度全面达标。

方案 17—方案 19 研究区河网 COD 浓度分级图见图 5-21。

方案17　　　　　　　　　　　　方案18

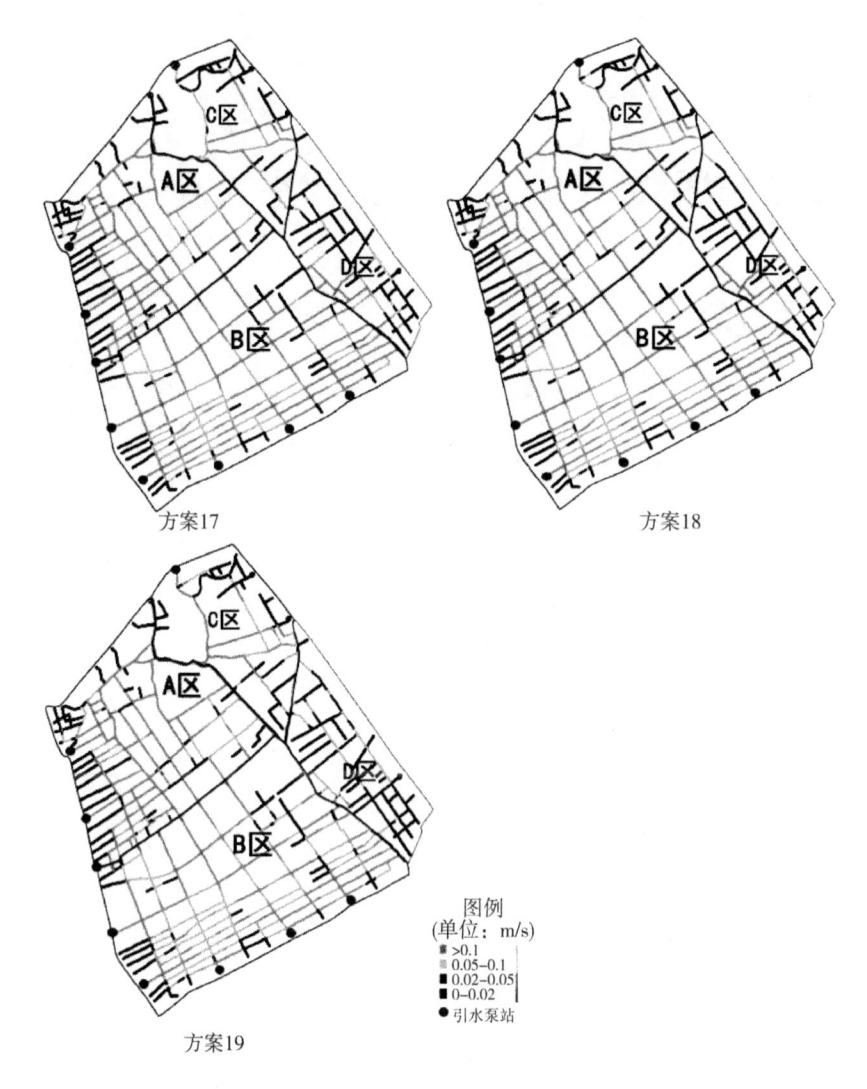

方案19

图例
(单位：m/s)
- >0.1
- 0.05—0.1
- 0.02—0.05
- 0—0.02
- ● 引水泵站

图 5-20　西侧、南侧、小洋河灌排站组合活水方案下研究区河网流速分级图

通过以上对方案 17—方案 19 的活水效果分析可得出以下结论：

（1）西侧泵站、南侧泵站与小洋河灌排站组合引水后，弥补了西侧、南侧泵站组合引水对小洋河影响力较弱的不足，使得小洋河流速基本超过 0.1 m/s，达到目标流速，但 C、D 区域亭湖小洋河以南水体流速仍然较低，需要进一步改善。

（2）西侧泵站、南侧泵站与小洋河灌排站组合引水后，随着小洋河灌排站引水规模的增加，小洋河水质并没有改善，但总体上，研究区河网水质已经达

方案17

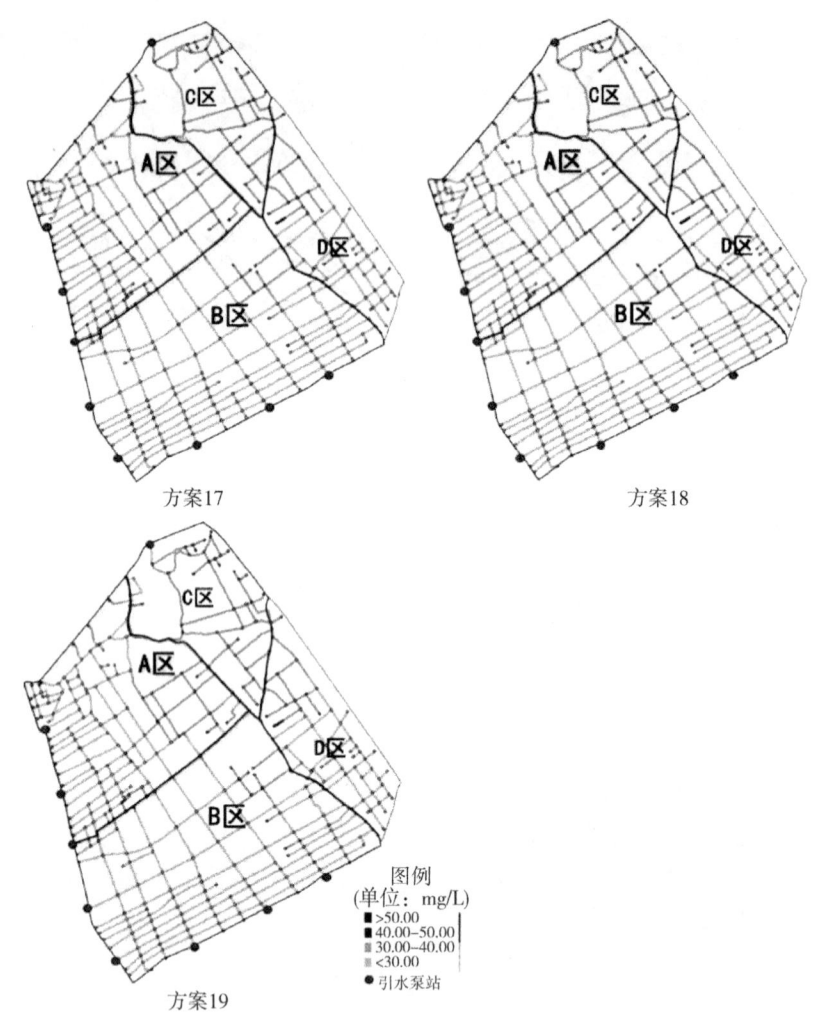

方案18

方案19

图例
(单位：mg/L)
■ >50.00
■ 40.00~50.00
▨ 30.00~40.00
▨ <30.00
● 引水泵站

图 5-21　西侧、南侧、小洋河灌排站组合活水方案下研究区河网 COD 浓度分级图

到了较好的水平。

（3）小洋河灌排站引水规模达到 15 m³/s 后，河网水质并没有改善，但已经达到了较好的水平。同时，小洋河流速得到提高，能够达到目标流速，故认为 15 m³/s 是西侧、南侧、小洋河灌排站组合引水情况下，小洋河灌排站最佳引水规模。

5.5.3 局部区域活水方案效果评价

通过对以上19个方案的讨论分析，D区域河网流动性始终无法提高，故将D区域独立出来，制定针对性活水方案，即方案20。考虑到小洋河灌排站与D区域1号泵、2号泵、3号泵引水方向对立，容易造成河道水体对冲，不利于提高区域河网流动性，同时方案14的西侧、南侧组合引水规模最佳，且整体活水效果最优，故方案20在方案14基础上进行活水。同时，D区1号泵、2号泵、3号泵分别以5 m³/s、5 m³/s、30 m³/s抽出D区内部脏水，以降低D区内水位，增加区域内外水位差，当串场河水位上升至1.3 m时，开启闸门，利用水位差带动D区内河网流速。D区闸泵建筑物布置见图5-9。

1. 水动力效果评价

通过抬高串场河水位，降低D区域内水位以增加水位差，后开闸放水提高区域内水体流速，此方式使得D区域内大部分河道流速很快，超过0.1 m/s，仅少部分断头河河道水体流速无法提高。D区域河网水体流动性总体上得到显著提高。方案20研究区河网流速分级图见图5-22。

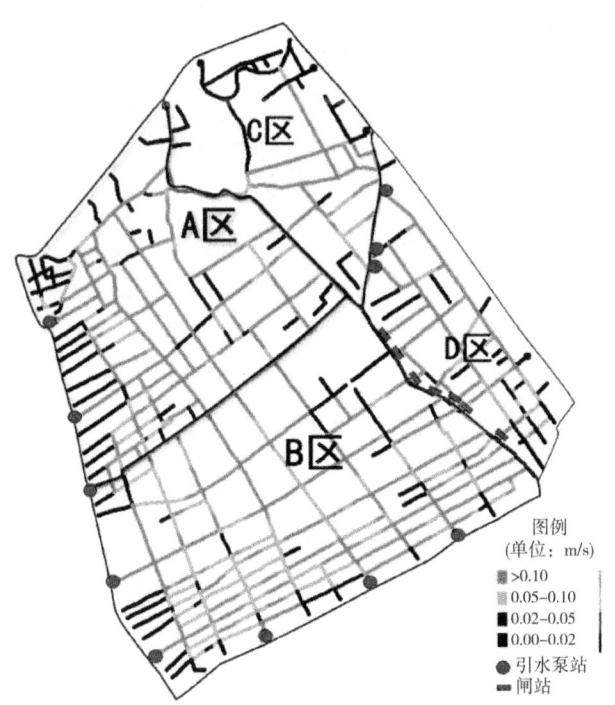

图5-22　方案20研究区河网流速分级图

2. 水质效果评价

此方案下,研究区河网污染物浓度分布情况与方案 15 基本一致。A、B 区域仅小一沟东段、耿伙界沟、大寨河北段河道、北港河东段河道、二河子东段、风景河等数条河道 COD 浓度略低,在 30—40 mg/L 之间。C、D 区域仅海纯河、小洋河、小洋河东支、大洋跃进河等 COD 浓度在 30—40 mg/L 之间。研究区其余河道污染物浓度均降至 30 mg/L 以下。总体上,研究区河网水质达到较高水平。研究区河网 COD 浓度分级图见图 5-23。

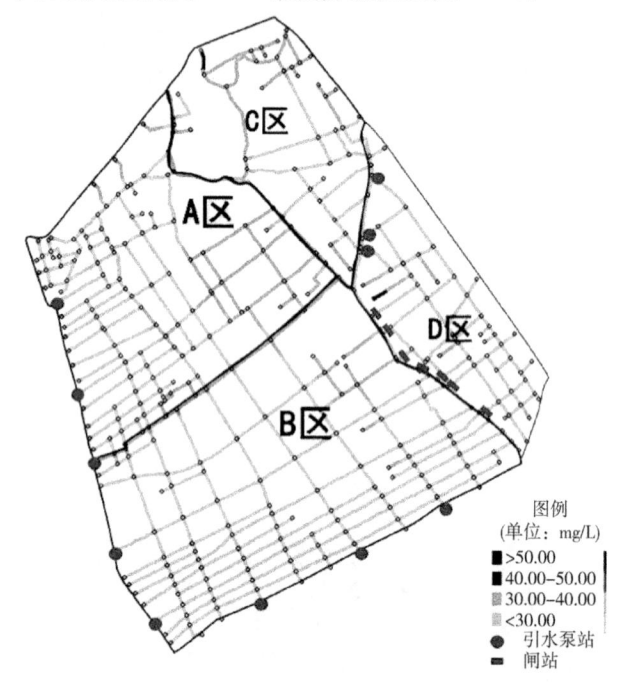

图 5-23　方案 20 研究区河网 COD 浓度分级图

5.5.4　闸泵活水调度方案推荐

1. 中心城区整体活水方案

通过对比分析方案 1—方案 20 的活水效果,方案 20 在提升全城水动力条件的同时,对全城水环境的改善作用也很明显。当盐城市中心城区整体水质及水动力条件较差需要短时间内改善时,可考虑使用方案 20 进行活水调度。

2. 片区活水方案

各个活水调度方案对研究区不同区域的影响程度各不相同。各类活水调度方案的有效影响区域归纳如下:

1) 单侧活水方案

西侧泵站活水方案对 A 区域、B 区域横向河道水动力、水质的提升有明显效果;东侧泵站活水方案对 C 区域的水动力、水质提升有明显效果,对 A 区域的水质、水动力提升的积极影响次之;南侧泵站活水方案对 A、B 区域纵向河道水动力、水质提升有明显效果。

2) 组合活水方案

西侧、南侧泵站组合活水方案对 A、B 区域河道水动力、水质的提升有明显效果;西侧、南侧、东侧泵站组合活水方案对 A、C 区域河道水动力、水质的提升有明显效果,但此方案容易产生水流对冲现象,导致部分河网水体流速不增反减,且造成了清洁水源的消耗、浪费;西侧、南侧、小洋河灌排站组合活水方案对 A、B、C 区域河道水动力、水质的提升有明显效果。各活水方案有效区域见表 5-4。

表 5-4 各活水方案有效区域

序号	活水方案分类	A 区域	B 区域	C 区域	D 区域	最优方案
1	西侧泵站活水方案	√	√			方案 3
2	东侧泵站活水方案	√		√		方案 7
3	南侧泵站活水方案	√	√			方案 11
4	西侧、南侧泵站组合活水方案	√	√			方案 14
5	西侧、南侧、东侧泵站组合活水方案	√		√		不推荐
6	西侧、南侧、小洋河灌排站组合活水方案	√	√	√		方案 19

对不同区域水动力水质提升有效的活水方案中,各方案活水效果优劣不同。

(1) 对 A 区域,西侧泵站活水方案效果最显著,且引水量少,为最优活水方案。

(2) 对 B 区域,西侧、南侧泵站组合活水方案最优,对 B 区域横向、纵向河道均有积极影响;同时对 A 区域河道水动力、水质的提升也有明显效果。

(3) 对 C 区域,东侧泵站活水方案效果显著,且引水量少,为最优活水方案。

第6章
本书研究成果

6.1 河湖连通相关理论

为了进一步理解河湖连通相关理论以及给合理的水系连通及活水方案提供理论依据，针对河湖连通及活水相关概念做出具体解释，综合分析河湖连通与活水关系，构建水系连通综合评价体系，并基于水质水量耦合模型提出活水调度技术。主要研究成果如下：

（1）对河湖连通相关理论做出详细阐述，主要有：①河湖连通准则包括社会公平准则、经济发展准则、生态维系准则、环境改善准则和风险规避准则五大准则；②河湖水系连通方式可大致划分为城市水网式、河道疏通式、水体置换式、引流调蓄式、分流泄洪式以及开源补水式；③河湖连通的驱动因素分为自然驱动因素和人为驱动因素；④河湖水系连通构成要素主要有良好水资源条件的自然水系、水利工程和管理调度准则；⑤河湖连通具有复杂性、系统性、动态性以及时空性等特征。

（2）系统性探析河湖连通与活水关系。从河湖多方面特征对两者关系进行分析，发现河湖之间存在"量质交换"，包括"物质流"、"能量流"、"信息流"和"价值流"，并从水量平衡、能量平衡、水资源可再生性以及水循环尺度四个方面着重关注水循环问题。最终综合分析河湖连通在活水方面的利弊，得出存在水质改善、生态环境改善、利于水量调度分配、能够加强局部地区的水循环以及补偿地下水等益处，存在降低原河流水质、行洪能力和影响通航水深、湿地蓄水量、局部地区气候、河湖水环境生态健康质量、原环境管网系统以及加剧物种竞争等弊端。

（3）构建水系连通综合评价体系，从自然和社会功能两方面评价了水系连通前后的结构和连通性。基于侧重河网整体的密度、形态等的结构性和注重河道内水体的连续与流动的连通性，选取河网密度、水面率、河网复杂度、纵向连通度、横向连通度五项指标作为自然指标，选取生态流量保障程度、防洪效果作为社会功能指标，来衡量水系连通对人类生产生活的功能保障性。并综合河道的自然指标和社会功能指标，提出一个新的评价参数 H 用以衡量水系连通的结构及功能。

（4）提出活水调度技术，利用 MIKE11 及 MIKE21 模型中用于水动力模拟的 HD 模块以及用于水质模拟的 AD 模块构建水量水质耦合模型。简要介绍预测下游河道水质的纵向一维水质数学模型和预测各点源、面源污染进入库区后污染的分布情况的平面二维水质数学模型以及相关模型参数。

6.2 针对基于河库连通的山丘型城市引调水研究成果

6.2.1 生态调水的沂源县河库连通

针对水系结构呈树状、河道水量时空分布不均、枯水季出现断流现象、丰水季易引发洪涝灾害的特殊情形，寻求适宜山丘型城市水系的生态流量计算方法，并综合分析中心城区的水系现状，提出了新开河道与原有水系连通，提高中心城区的河网密度、水系连通性、输水能力、生态修复能力和景观效果。主要得到以下结论：

（1）系统性分析了沂源县山丘型城市水系的特点及存在问题，主要问题包括：①生态流量难以保障，枯水季经常出现断流现象；②水质较差，部分监测断面水质不达标；③地下水开采量大，地下水位偏低；④河网结构单一，连通度差，抵抗风险能力低。针对以上问题，提出了保障生态流量、优化水系结构的水系连通方法。

（2）探究了生态流量计算的几类方法，利用 Tennant 法、Lyon 法计算出四条河道的生态流量作为参考，再利用水质水量综合模拟法，以河道断面水质达标为目标，计算出满足水质达标的生态流量。综合 3 种方法的计算结果，最终得出沂源城区水系的适宜生态流量：沂河、螳螂河、儒林河、饮马河分别为 $1.2 \text{ m}^3/\text{s}$、$0.35 \text{ m}^3/\text{s}$、$0.35 \text{ m}^3/\text{s}$、$0.40 \text{ m}^3/\text{s}$。

（3）针对生态流量不足的现状，结合沂源县的实际情况，提出了一套水系连通方案，即结合规划新建 S229 沂邳线道路，规划管渠结合的输水通道，全长约 14 km，连接螳螂河、儒林河、饮马河及城区外围的石桥河。结合生态适宜流量的需求，合理确定调水流量。对生态流量保障程度和防洪效果进行分析，结果表明，当总的调水流量达到 $1.5 \text{ m}^3/\text{s}$ 时，生态流量基本得到保障。且水系连通后,分流了螳螂河、儒林河、饮马河上游洪水,防洪安全效果显著提升。

(4) 构建了一套水系结构和连通性评价指标,从自然和社会功能两方面评价了水系连通前后的结构和连通性,并提出水系结构和连通性综合指标 H。评价结果表明,水系连通后,河网水系结构和连通性综合评价指标 H 值得到提升,说明水系连通后河网水系的结构和连通性得到加强。

6.2.2 库库连通的安吉县引调水水质

为了给湖州市区供水,以保障湖州用水需求,采用安吉县已建的老石坎水库及赋石水库两库联合调度。为了研究工程实施后对水库及下游河道水质的影响,通过水质水量耦合模型对三种不同情景进行比对分析,主要研究成果如下:

(1) 明确引水工程实施的必要性:①优质水源缺乏,供需矛盾突出;②优化水资源空间配置的需要;③对安吉两库水资源的利用不应具有局限性。

(2) 通过对赋石水库和老石坎水库构建一维和二维的水质水量耦合模型,分别对下游河道和两个水库的水质进行了率定,模型模拟结果较好地反映了实际的水质变化情况。

(3) 通过构建三种情景:情景一——未引水未下泄生态流量、情景二——未引水下泄生态流量、情景三——引水工程实施前后,来研究引水调度工程实施前后对水库及下游河道水质的影响。模型结果表明:①老石坎水库在引水工程实施前后污染物浓度变化不大,COD、氨氮浓度在各典型年典型月均达到地表Ⅱ类水的水质要求,三种情景下 TP、TN 浓度在汛期最枯月以及非汛期最枯月浓度较高,不能满足水质要求。②赋石水库在各典型年的最丰月和最枯月 COD、氨氮、TP 浓度较低,均可满足地表Ⅱ类水水质要求。③情景一、情景二和情景三各典型月 COD 浓度沿程变化均能满足水功能区的水质要求。④情景二和情景三氨氮浓度沿程变化均能满足水功能区的要求。情景一汛期最丰月氨氮浓度沿程变化满足水功能区水质要求;汛期最枯月氨氮浓度从坝址下游 2.3 km 至 7.2 km 处均不达标,非汛期最枯月西溪段河道氨氮浓度不达标。⑤情景二和情景三,TP 浓度沿程变化均能满足水功能区的水质要求。情景一汛期最丰月和汛期最枯月 TP 浓度沿程变化能满足水功能区水质要求;非汛期最枯月 TP 浓度从坝址下游 0.7 km 左右处至距坝址 10 km 处均不达标。

(4) 通过模型率定,对典型断面水质的影响进行了预测。①孝丰大桥断面:情景一、情景二、情景三断面水质均达到Ⅲ类标准。②赤坞断面:情景二和情景三断面水质均达标。情景一平水年非汛期最枯月氨氮浓度为 1.713 mg/L,超过该断面执行的Ⅱ类水质标准。③塘浦断面:情景一工况下断面整体水质较差,缺少必要的生态流量导致河道水量少,污染物浓度大;情景二与情景三尽管在特枯水年汛期最枯月氨氮浓度超标,工程实施后河道水质略有变差,但总体满足要求,属于可控范围之内。④荆湾断面:情景一、情景二和情景三断面水质均达到三类水功能区水质要求。

6.3 针对多水源补水的山丘平原混合型城市活水研究成果

以高效利用区域引水水源、科学分配引水流量、提高海曙水环境承载能力为目标,充分考虑水环境进一步改善需求,提出区域性骨干引配水工程规划,分析规划工程引配水对河网水体流动性的改善效果。综合水文分析、数值模拟的成果,揭示河网水动力及水环境改善与调水的响应关系,完善海曙平原河网引配水格局,从而形成科学合理的生态调水机制。主要研究成果如下:

(1) 构建水动力精细模拟模型,科学指导引配水工程规划

在现有引退水工程条件下,无论采用何种引排方式,区域北部的前塘河、跃进河、护城河等河道的水质都难以有效改善,南部的南塘河上游、小溪港及风棚碶河等水体流动性亦无明显提升,有必要规划新增工程解决该部分河道存在的问题。本次研究在原型调水试验及基础资料收集的基础上,根据海曙平原区骨干河网及水利工程情况,综合考虑生态调水的重点和水系结构的完整性,构建区域河网水动力精细模拟模型,共概化河道 31 条、闸站 16 座。采用原型调水试验的实测数据对模型进行率定和验证,确保模型的科学性与合理性。利用率定的精细模拟模型开展海曙平原区规划工况下调水方案研究,分析不同调水水源、调水流量对区域河网流量、流速、流向等要素的影响。

模型共模拟 14 个规划工况,分析确定新增工程布局及规模。在现有工程基础上,新增溪下水库生态补水 5 万 m^3/d,新建姚江干流邵家渡翻水站(15 m^3/s)、五江口翻水站(10 m^3/s),增加皎口水库下泄量至 15 万 m^3/d。溪下水库引水后中部片区横向河道流动性有所提升,且引进了水库清洁水源,更有利于中部片区河网水环境改善。皎口水库增大引水规模后,南塘河上游及小溪港流速有所提升,且引进了水库清洁水源,有利于西南片区河网水环境改善。增加邵家渡碶、五江闸引进姚江清洁水源后,河网东北片区及风棚

碶河段流动性得到明显提升，且清洁水源有利于东北片区河网水环境的改善。

（2）立足于现状和规划工程，优化海曙区生态调水格局

结合原型试验和模型成果分析，提出海曙区平原河网规划引配水布局，并针对各片区提出具体方案，形成海曙区生态调水机制。

海曙区规划工程总体引配水方案以北侧姚江及上游山丘区水库为水源，利用高桥翻水站、邵家渡翻水站、五江口翻水站、黄家河翻水站等沿姚江翻水站以及溪下水库、皎口水库引入外部清洁水源，皎口水库按 15 万 m^3/d 的规模下泄，溪下水库按 5 万 m^3/d 规模下泄，高桥翻水站引水流量为 13.44 m^3/s，黄家河翻水站引水流量为 1 m^3/s，新增邵家渡翻水站引水 15 m^3/s，五江口翻水站引水 10 m^3/s，并开启保丰闸、行春碶、屠家堰及风棚碶进行退水。在该引配水方式下，全区河网均可呈现较好的流动性，清水可流经各骨干河道。

西北片区、西南片区水环境较好，在规划工程引配水布局下均可达到流动性和生态需水的要求。对于中部片区，在规划方案的基础上，需关闭五江口翻水站。对于东北片区，在规划方案的基础上，退水加开段塘碶。对于东南片区，可在皎口水库引水结束后开启风棚碶排水，以改善风棚碶河整体流动性。

6.4 针对闸站联调的平原河网型城市活水研究成果

为了讨论江苏盐城东、西、南三侧引水泵站不同的引水规模对河网流动性和污染物浓度的影响，确定东、西、南三侧的最佳引水规模，制定对整体河网及局部区域影响最优的活水方案，建立了盐城市中心城区一维水量水质耦合模型，拟定了 20 个活水调度方案。主要研究成果如下：

（1）调研梳理了盐城市中心城区点源、面源、内源污染现状，分析计算了各类污染源污染物入河量。根据现状水质监测数据，分析了研究区现状河网中黑臭河道分布情况。

（2）梳理了盐城市中心城区生态调度历程，对研究区现状活水方案进行了分析评价，总结了现状方案的不足，制定了本书活水目标，并拟定活水方案。基于 MIKE11 软件构建了盐城市中心城区一维水量水质耦合模型。

（3）分析模型模拟结果得到，西、东、南侧各引水泵站最佳引水规模均为 15 m^3/s。西侧、南侧组合活水的最佳引水规模为西侧各泵站 15 m^3/s，南侧各泵站 10 m^3/s。西侧、南侧、小洋河灌排站组合活水的最佳引水规模为西侧各泵站 15 m^3/s，南侧各泵站 10 m^3/s，小洋河灌排站 15 m^3/s。西侧、南侧、东侧

泵站组合活水方案容易产生水流对冲现象，导致部分河网水体流速不增反减，且造成了清洁水源的消耗、浪费，故不推荐此方案。

（4）总结模型模拟分析结果得出，对盐城市中心城区全城区河道水体的流速提升及污染物浓度降低有明显效果，适用于全城河道水动力条件及水质提升的方案为方案 20。适用于 A 区域河道水动力、水质提升的方案为西侧泵站活水方案中的方案 3。适用于 A、B 区域河道水动力、水质提升的方案为西侧、南侧泵站组合活水方案中的方案 14。适用于 C 区域河道水动力、水质提升的方案为东侧泵站活水方案中的方案 7。

参考文献

[1] 李宗礼,李原园,王中根,等.河湖水系连通研究:概念框架[J].自然资源学报,2011,26(3):513-522.

[2] 张新颜."五水共治":一种马克思主义美学的分析框架[J].经济研究导刊,2018(36):9-11.

[3] 马爽爽.基于河流健康的水系格局与连通性研究[D].南京:南京大学,2013.

[4] 靳梦.郑州市水系连通的城市化响应研究[D].郑州:郑州大学,2014.

[5] 杨超.袁河樟树段物理结构完整性健康状况评估[J].三峡生态环境监测,2018,3(4):12-16+30.

[6] 孙传国.针对城市水环境生态修复问题的研究[J].智能城市,2019,5(23):145-146.

[7] 邵玉龙,许有鹏,马爽爽.太湖流域城市化发展下水系结构与河网连通变化分析——以苏州市中心区为例[J].长江流域资源与环境,2012,21(10):1167-1172.

[8] 陈云霞,许有鹏,付维军.浙东沿海城镇化对河网水系的影响[J].水科学进展,2007(1):68-73.

[9] Xia J,Zhai X,Zeng S,et al. Systematic solutions and modeling on eco-water and its allocation applied to urban river restoration: case study in Beijing, China[J]. Ecohydrology & Hydrobiology,2014,14(1):39-54.

[10] Xie C,Yang F,Liu G,et al. Sustainable Improvement of Urban River Network Water Quality and Flood Control Capacity by a Hydrodynamic Control Approach-Case Study of Changshu City[C]//IOP Conference Series: Earth and Environmental Science. IOP Publishing,2017,51(1):012029.

[11] 王超,卫臻,张磊,等.平原河网区调水改善水环境实验研究[J].河海大学学报(自然科学版),2005,33(2):136-138.

[12] 孟飞,刘敏.高强度人类活动下河网水系时空变化驱动机制分析——以浦东新区为例[J].兰州大学学报(自然科学版),2006,42(4):15-20.

[13] 徐光来,许有鹏,王柳艳.近50年杭—嘉—湖平原水系时空变化[J].地理学报,2013,68(7):966-974.

[14] 徐宗学,武玮,于松延.生态基流研究:进展与挑战[J].水力发电学报,2016,35(4):

1-11.

[15] 余玲.基于生态需水量的水资源承载力研究[D].郑州:华北水利水电学院,2011.

[16] 姜杰,杨志峰,刘静玲.海河流域平原河道生态环境需水量计算[J].地理与地理信息科学,2004,20(5):81-83.

[17] 葛金金,彭文启,张汶海,等.确定河道内适宜生态流量的几种水文学方法——以沙颍河周口段为例[J].南水北调与水利科技,2019,17(2):75-80.

[18] Jowett I G. Instream flow methods: a comparison of approaches[J]. Regulated Rivers: Research & Management,1997,13(2):115-127.

[19] Tennant D L. Instream flow regimens for fish, wildlife, recreation and related environmental resources[J]. Fisheries,1976,1(4):6-10.

[20] Matthews R, Bao Y. The Texas method of preliminary instream flow determination [J]. Rivers,1991,2(4):295-310.

[21] Gordon N D, Mcmahon T A, Finlayson B L, et al. Stream hydrology: an introduction for ecologists[M]. John Wiley and Sons,2004.

[22] Dunbar M J, Gustard A, Acreman M, et al. Environment Agency Project W6B (96) 4 Overseas approaches to setting river flow objectives Draft Interim Technical Report[J]. 1997.

[23] Mathews R, Richter B D. Application of the indicators of hydrologic alteration software in environmental flow setting[J]. Journal of the American Water Resources Association,2007,43(6):1400-1413.

[24] Gippel C J, Stewardson M J. Use of wetted perimeter in defining minimum environmental flows[J]. Regulated Rivers: Research & Management,1998,14(1):53-67.

[25] Stalnaker C B. The instream flow incremental methodology: a primer for IFIM[M]. National Ecology Research Center, National Biological Survey,1994.

[26] 崔广柏,陈星,向龙,等.平原河网区水系连通改善水环境效果评估[J].水利学报,2017,48(12):1429-1437.

[27] 左其亭,崔国韬.河湖水系连通理论体系框架研究[J].水电能源科学,2012,30(1):1-5.

[28] 长江水利委员会.维护健康长江,促进人水和谐研究报告[R].武汉:长江水利委员会,2005.

[29] 张欧阳,熊文,丁洪亮.长江流域水系连通特征及其影响因素分析[J].人民长江,2010,41(1):1-5+78.

[30] 张欧阳,卜惠峰,王翠平,等.长江流域水系连通性对河流健康的影响[J].人民长江,2010,41(2):1-5+17.

[31] 赵进勇,董哲仁,翟正丽,等.基于图论的河道-滩区系统连通性评价方法[J].水利学

报,2011,42(5):537-543.

［32］徐慧,雷一帆,范颖骅,等. 太湖河湖水系连通需求评价初探[J]. 湖泊科学,2013,25(3):324-329.

［33］Lane S, Reaney S, Heathwaite A L. Representation of landscape hydrological connectivity using a topographically driven surface flow index[J]. Water Resources Research,2009,45,W08423.

［34］高玉琴,汤宇强,肖璇,等. 基于改进图论与水文模拟方法的河网水系连通性评价模型[J]. 水资源保护,2018,34(6):33-37.

［35］赫晓磊. 山丘区生态河道设计方法研究[D]. 扬州:扬州大学,2008.

［36］尹宗虎. 浅谈山丘区天然河道综合治理[J]. 治淮,2018(7):40-41.

［37］严军,许琳娟,白洪炉,等. 水资源水质水量联合调控研究进展[J]. 水电能源科学,2013,31(5):27-30+12.

［38］Pearson D, Walsh P. The derivation and use of control curves for the regional allocation of water resources, optimal allocation of water resources[J]. Proceedings of the Exeter Symposium, lahs publ,1982(135).

［39］Romijn E, Tamiga M. Multi-objective optimal allocation of water resources[J]. Water Resources Planning and Management, ASCE,1982,108(2):217-229.

［40］Yeh W W G. Reservoir management and operations models: A state-of-the-art review [J]. Water Resources Research,1985,21(12):1797-1818.

［41］Câmara A S, Randall C W. The Qual II Model[J]. Journal of Environmental Engineering,1984,110(5):993-996.

［42］Danish Hydraulic Institute. MIKE11: a modeling system for rivers and channels. Reference Manual[R]. Copenhagen: DHI,2014.

［43］Wells S A. CE-QUAL-W2: A Two-Dimensional, Laterally Averaged, Hydrodynamic and Water Quality Model, Version 4.5, User Manual: Part 5 - Model Utilities [J]. 2021.

［44］Kim C, Kang J. Case study: Hydraulic model study for abandoned channel restoration [J]. Engineering,2013,5(12):989-996.

［45］Mehdiabadi F E, Mehdizadeh M M, Rahbani M. Simulating Wind Driven Waves in the Strait of Hormuz using MIKE21 (Simulasi Gelombang Angin di Selat Hormuz Menggunakan MIKE21)[J]. ILMU KELAUTAN: Indonesian Journal of Marine Sciences,2015,20(1):1-8.

［46］龙圣海,黄廷林,李扬,等. 基于MIKE3的金盆水库三维水温结构模拟研究[J]. 水力发电学报,2016,35(11):16-24.

［47］Dai T, Labadie J W. River basin network model for integrated water quantity/quality management[J]. Journal of Water Resources Planning and Management,2001,

127(5):295-305.

[48] Campbell S G, Hanna R B, Flug M. Modeling Klamath river system operations for quantity and quality[J]. Journal of Water Resources Planning and Management, 2001,127(5):284-294.

[49] Mehrez A, Percia C, Oron G. Optimal operation of a multisource and multiquality regional water system[J]. Water Resources Research,1992,28(5):1199-1206.

[50] Wang Y, Liu A, Zhu Y, et al. The research on Ntot pollutant dispersion provoked by wind-driven currents[C]//IOP Conference Series:Earth and Environmental Science, 2018(153):062068.

[51] 张艳军,雒文生,雷阿林,等.基于DEM的水量水质模型算法[J].武汉大学学报(工学版),2008,41(5):45-49.

[52] 徐贵泉,宋德蕃,黄士力,等.感潮河网水量水质模型及其数值模拟[J].应用基础与工程科学学报,1996(1):94-105.

[53] 陆豪,马振坤,王龙,等.ICM水动力-水质模型下苏州河道引水规模试验研究[J].自动化与仪器仪表,2017(7):1-3.

[54] 梁辉,赵新泉,田一平.MATLAB在QUAL-Ⅱ水质模型计算中的应用[J].环境监测管理与技术,2004,16(2):10-13.

[55] 朱森林,张忠龙,杨国录.CE-QUAL-W2模型中汞循环模块的嵌套及应用[J].华中科技大学学报(自然科学版),2018,46(4):110-114.

[56] 胡豫英,胡鹏,廖卫红.基于水量-水质耦合模型的辽河污染模拟[C]//第十九届中国海洋(岸)工程学术讨论会,2019:706-711.

[57] 王文杰,安莉娜.基于WASP5氮原理的二维水量水质耦合模型及应用[J].长江科学院院报,2011,28(1):16-20.

[58] 时利瑶,李大勇,董增川.典型平原河网区突发性水污染预警[J].水电能源科学, 2018,36(11):46-50.

[59] 王蓉,黄天寅,吴玮.典型城市河道氮、磷自净能力影响因素[J].湖泊科学,2016, 28(1):105-113.

[60] 潘小保,蔡斌,柳杨,等.平原河网区调水引流研究进展[J].水利规划与设计,2019 (9):10-12+72.

[61] 陈诗吉,郑祥民,周立旻,等.城市黑臭河网外源调水技术研究进展[J].环境工程, 2014,32(2):1-5.

[62] Mccallum B E. Areal extent of freshwater from an experimental release of Mississippi River Water into Lake Pontchartrain, Louisiana, May 1994[C]// Proceedings of the 9th 1995 Conference on Coastal Zone,1995:363-364.

[63] 何用,李义天,李荣,等.改善湖泊水环境的调水与生物修复结合途径探索[J].安全与环境学报,2005,5(1):56-60.

[64] 陆勤.苏州河水质现状及引清调水试验[J].上海农学院学报,1999,17(1):62-67.
[65] 夏琨,王华,秦文浩,等.水量调度对内秦淮河水质改善的效应评估[J].水资源保护,2015,31(2):74-78+110.
[66] 逄勇,王瑶瑶,胡绮玉.浙江温黄平原典型河流水质改善方案研究[J].水资源保护,2016,32(2):100-105.
[67] 尚钊仪,张亚洲,戴晶晶,等.昆山主城及周边区域活水畅流改善水环境方案研究[J].水资源保护,2017,33(6):125-132.
[68] 李晓,唐洪武,王玲玲,等.平原河网地区闸泵群联合调度水环境模拟[J].河海大学学报(自然科学版),2016,44(5):393-399.
[69] 颜秉龙,林荷娟.杭嘉湖区域改善水环境调水方案研究[J].中国农村水利水电,2008(9):33-35.
[70] 吕犇,高兴和,张成钢,等.太仓市城区调水改善水环境方案研究[J].江苏水利,2018(8):1-6.
[71] 江涛,朱淑兰,张强,等.潮汐河网闸泵联合调度的水环境效应数值模拟[J].水利学报,2011,42(4):388-395.
[72] 高程程,陈长太,唐迎洲.上海市青松水利片引清调水方案研究[J].水电能源科学,2012,30(2):115-119.
[73] 柳杨,范子武,谢忱,等.常州市运北主城区畅流活水方案设计与现场验证[J].水利水运工程学报,2019(5):10-17.
[74] 董胜男,张龙阳.阜阳市颍西片区活水工程方案研究[J].工程与建设,2019,33(6):913-914+917.
[75] 吴芸,於家红.城市河网圩区活水调度方案研究[J].水利规划与设计,2019(9):5-7.
[76] 胡和平,蒋任飞,文坛花,等.受潮汐影响的半封闭水体活水工程设计与运行[J].中国给水排水,2019,35(16):103-106.
[77] 陈兴涛.苏州市古城区自流活水工程项目应用研究[D].苏州:苏州科技学院,2014.
[78] 时金松.江河湖库水系连通理论与实践[J].中国集体经济,2014(29):72-75.
[79] 窦明,崔国韬,左其亭,等.河湖水系连通的特征分析[J].中国水利,2011(16):17-19.
[80] 李宗礼,刘晓洁,田英,等.南方河网地区河湖水系连通的实践与思考[J].资源科学,2011,33(12):2221-2225.
[81] 崔国韬,左其亭,李宗礼,等.河湖水系连通功能及适应性分析[J].水电能源科学,2012,30(2):1-5.
[82] 李原园,李宗礼,黄火键,等.河湖水系连通演变过程及驱动因子分析[J].资源科学,2014,36(6):1152-1157.
[83] 郭亚萍.泗河流域水系连通性评价研究[D].泰安:山东农业大学,2016.
[84] 庞博,徐宗学.河湖水系连通战略研究:理论基础[J].长江流域资源与环境,2015,

24(S1):138-145.

[85] 蔡娟.太湖流域腹部城市化对水系结构变化及其调蓄能力的影响研究——以武澄锡虞区为例[D].南京:南京大学,2012.

[86] 沈洁.上海浦东新区城市化进程对水系结构、连通性及其调蓄能力的影响研究[D].上海:华东师范大学,2015.

[87] 符传君,陈成豪,李龙兵,等.河湖水系连通内涵及评价指标体系研究[J].水力发电,2016,42(7):2-7.

[88] 陈雷.关于几个重大水利问题的思考——在全国水利规划计划工作会议上的讲话[J].中国水利,2010(4):1-7.

[89] 张红武,王海,马睿.我国湖泊治理的瓶颈问题与对策研究[J].水利水电技术(中英文),2022,53(10):21-32.

[90] 王中根,李宗礼,刘昌明,等.河湖水系连通的理论探讨[J].自然资源学报,2011,26(3):523-529.

[91] 赵军凯,李立现,张爱社,等.再论河湖连通关系[J].华东师范大学学报(自然科学版),2016(4):118-128.

[92] 李爽,张祖陆,孙媛媛.基于SWAT模型的南四湖流域非点源氮磷污染模拟[J].湖泊科学,2013,25(2):236-242.

[93] 李景保,周永强,欧朝敏,等.洞庭湖与长江水体交换能力演变及对三峡水库运行的响应[J].地理学报,2013,68(1):108-117.

[94] 仲志余,胡维忠.试论江湖关系[J].人民长江,2008(1):20-22+30+105.

[95] 赵高峰,周怀东,胡春宏,等.鄱阳湖水利枢纽工程对鱼类的影响及对策[J].中国水利水电科学研究院学报,2011,9(4):262-266.

[96] 李原园,郦建强,李宗礼,等.河湖水系连通研究的若干问题与挑战[J].资源科学,2011,33(3):386-391.

[97] 崔国韬,左其亭,窦明.国内外河湖水系连通发展沿革与影响[J].南水北调与水利科技,2011,9(4):73-76.

[98] 夏军,高扬,左其亭,等.河湖水系连通特征及其利弊[J].地理科学进展,2012,31(1):26-31.

[99] 杨晓敏.基于图论的水系连通性评价研究——以胶东地区为例[D].济南:济南大学,2014.

[100] 王柳艳,许有鹏,余铭婧.城镇化对太湖平原河网的影响——以太湖流域武澄锡虞区为例[J].长江流域资源与环境,2012,21(2):151-156.

[101] 袁雯,杨凯,徐启新.城市化对上海河网结构和功能的发育影响[J].长江流域资源与环境,2005(2):133-138.

[102] 袁雯,杨凯,唐敏,等.平原河网地区河流结构特征及其对调蓄能力的影响[J].地理研究,2005(5):717-724.

[103] 董哲仁.河流生态系统结构功能模型研究[J].水生态学杂志,2008,29(5):1-7.
[104] 樊孔明,王津,曹炎煦.河湖水系连通研究进展及应用[J].治淮,2015(12):53-55.
[105] 冯顺新,李海英,李翀,等.河湖水系连通影响评价指标体系研究Ⅰ——指标体系及评价方法[J].中国水利水电科学研究院学报,2014,12(4):386-393.
[106] 冯顺新,姜莉萍,冯时.河湖水系连通影响评价指标体系研究Ⅱ——"引江济太"调水影响评价[J].中国水利水电科学研究院学报,2015,13(1):20-27.
[107] 王坤.基于MIKE11的山丘区小流域洪水淹没模拟与评价研究[D].济南:济南大学,2018.
[108] 丁曼,李航,于得万.MIKE模型在月亮泡蓄滞洪区洪水演进中的应用[J].水利规划与设计,2018(9):49-51+98.
[109] 张强,崔瑛,陈永勤.基于水文学方法的珠江流域生态流量研究[J].生态环境学报,2010,19(8):1828-1837.
[110] 梁友.淮河水系河湖生态需水量研究[D].北京:清华大学,2008.
[111] 刘洋.滨江丘陵地区水环境改善方案研究——以浦口区为例[D].南京:河海大学,2007.
[112] 杨桂书,王超磊,昌军.盐城市城市防洪形势分析及对策研究[J].水资源开发与管理,2017(10):68-72.
[113] 潘良.市域绿地系统规划点线面相结合研究——以盐城市市域绿地系统规划为例[D].南京:南京林业大学,2006.
[114] 黄广勇.盐城市水资源保护现状及规划[J].治淮,2017(12):52-54.
[115] 胡鹏,杨庆,杨泽凡,等.水体中溶解氧含量与其物理影响因素的实验研究[J].水利学报,2019,50(6):679-686.
[116] 蒋文清.流速对水体富营养化的影响研究[D].重庆:重庆交通大学,2009.
[117] 朱颖,贾玲玲.常州市运北主城区"畅流活水"方案综述[J].科技资讯,2017,15(35):46-48.
[118] 刘连清.盐城市水源水质特征分析及盐龙湖生态工程对原水水质的影响研究[D].南京:东南大学,2018.
[119] 吴建兰,李曦,陈秀梅.实验室率定法测算长江南通段污染物降解系数[J].四川环境,2012,31(5):36-40.